Peter Ripota *präsentiert*:

$$\left(\mathcal{O}mega\right)$$

Eine Reise durch das Reich der unendlich großen Zahlen

Bibliografische Information der Deutschen Nationalbibliothek
Die Deutsche Nationalbibliothek verzeichnet diese Publikation in der Deutschen Nationalbibliografie; detaillierte bibliografische Daten sind im Internet über http://dnb.d-nb.de abrufbar.

Herstellung und Verlag: Books on Demand GmbH, Norderstedt

ISBN-13: 9783837058123

In der dritten Auflage wurde die Schrift von "Courier New" auf "Times New Roman" umgestellt, ein kurzes Kapitel über physikalische Reisen ins Unendliche, einige mathematische Beweise sowie das Pater-Brown-Märchen "Gabriels Horn" eingefügt.

Webseite des Verfassers:

http://www.peter-ripota.de/mathe/index.php

e-mail-Adresse: tango@peter-ripota.de

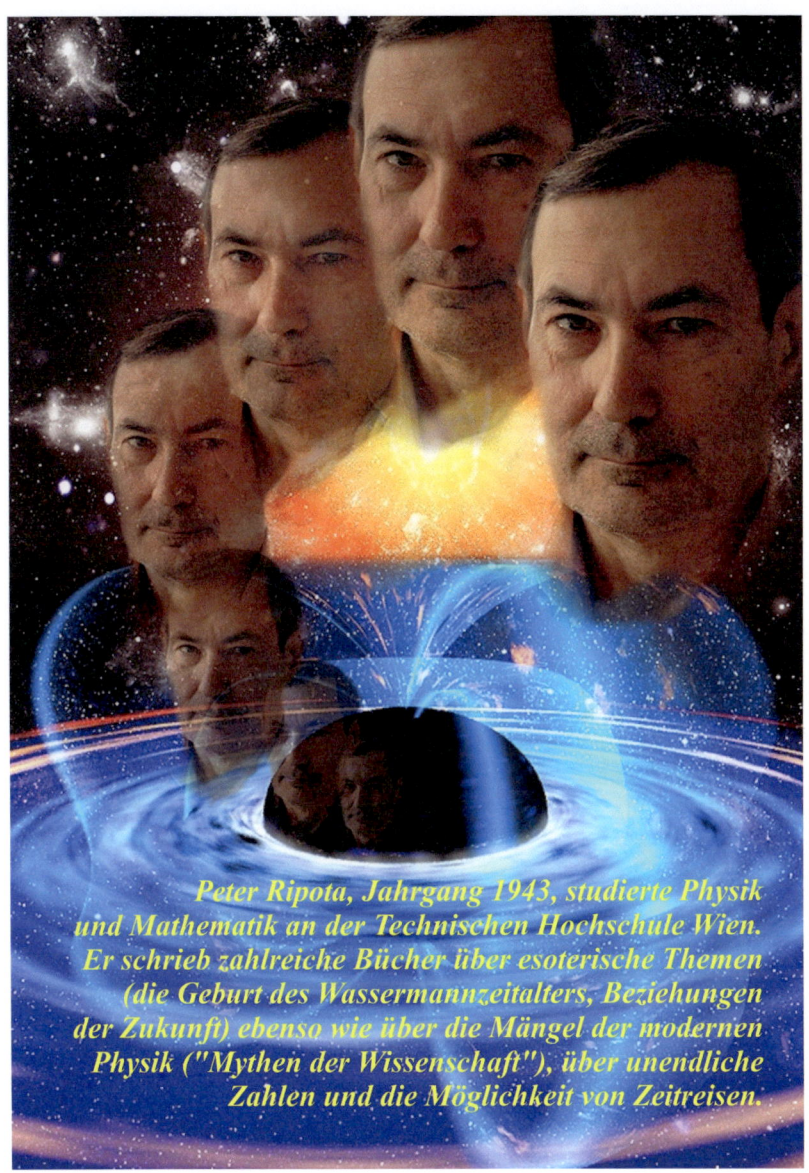

Peter Ripota, Jahrgang 1943, studierte Physik und Mathematik an der Technischen Hochschule Wien. Er schrieb zahlreiche Bücher über esoterische Themen (die Geburt des Wassermannzeitalters, Beziehungen der Zukunft) ebenso wie über die Mängel der modernen Physik ("Mythen der Wissenschaft"), über unendliche Zahlen und die Möglichkeit von Zeitreisen.

Inhalt

4

Atlas trägt schwer an der Unendlichkeit

Wo liegt die Unendlichkeit?

Das Unermessliche und Unendliche ist für den Menschen ebenso notwendig wie dieser kleine Planet, auf dem er lebt.

Dostojewski

Zwei Dinge waren es, die den Philosophen *Immanuel Kant* so mächtig beeindruckten. Welche das waren, weiß ich nicht mehr; es ist für dieses Buch auch belanglos. Zwei Ereignisse waren es, die mich mächtig beeindruckt haben: Das eine war die totale Sonnenfinsternis 1999, das andere die Stufenfolge des Unendlichen. Als Jugendlicher bin ich ihr zum ersten Mal begegnet, und diese Begegnung (die Reise von ω nach ε_0 ("von omega nach epsilon-null")) hatte etwas Unheimliches, tief Berührendes, beinahe Religiöses. *Friedrich Nietzsche* hat das Gefühl in seinem Gedicht "Nach neuen Ufern" so schön ausgedrückt: *Nur dein Auge - ungeheuer, blickt mich's an, Unendlichkeit!*

Über Jahre habe ich dann versucht, die Unendlichkeits-Konstruktionen der Mathematiker zu begreifen, was mir als Nicht-Mathematiker nicht ganz leicht fiel, obwohl mir die mathematischen Grundkenntnisse des studierten Physikers dabei halfen. Und ich wollte auch andere Menschen an diesem Erlebnis teilhaben lassen, deswegen schrieb ich dieses Buch. Vielleicht kann es einen Hauch dessen vermitteln, was Mathematiker, Philosophen, Theologen und Dichter am Begriff des Unendlichen seit jeher so faszinierte oder erschreckte.

Die **Hauptkapitel** zeigen den Weg von der Null zur höchsten Unendlichkeit, wobei ich mir - am Anfang gelegentlich, später auch mal öfter - eine dezente Kritik an den Grundlagen, nämlich der Mengenlehre, nicht verkneifen werde. Im letzten Kapitel bespreche ich dann eine alternative mathematische Theorie, eine Art Gegenentwurf zur Mengenlehre, über die ich einst eine Dissertation verfasste. Und schließlich erforsche ich das Unendliche auch noch spielerisch, durch eine Detektivgeschichte mit Pater Brown.

Etwas schwierigere mathematische Abhandlungen oder interessante Nebenbemerkungen erscheinen in kleinerem Druck.

In den *Zwischenkapiteln* werden Erkenntnisse aus den Hauptkapiteln vertieft oder zugehörige Themen abgehandelt, teils in nichtwissenschaftlicher Form durch Gedichte oder Märchen. Natürlich wird jedes Kapitel eingeleitet durch ein Zitat, und auf gute Abbildungen habe ich besonderen Wert gelegt.

Obwohl das Buch nichts Neues bezüglich mengentheoretischer Erkenntnisse liefert, ist doch einiges zum ersten Mal dargestellt, darunter die Definition unerreichbarer Zahlen durch verallgemeinerte Limesbildung; die Zuordnung von Zahlen zu realen Gebilden; einige theologische Spekulationen; der Versuch der Wohlordnung des Kontinuums; sowie bestimmte Abbildungen zur Illustration der Konzepte.

Viel Spaß bei der Reise ins Unermessliche!

Peter Ripota

Vorspiel: Der Berg und der Vogel

Und Gott ließ ihn hundert Jahre lang sterben; dann
rief er ihn ins Leben zurück und sprach zu ihm: 'Wie
lange bist du hier gewesen?' 'Einen Tag oder den
Bruchteil eines Tages', antwortete er.
Koran, II, 261

In einem fernen Land, weit weit weg von jeglicher Zivilisation, erhebt sich ein Berg über die Wolken, größer als jeder andere Berg. Kein Wind rüttelt an ihm, kein Erdbeben verändert ihn, keine Kraft macht ihn kleiner oder größer.

Alle hundert Jahre fliegt ein Vogel zu ihm und wetzt seinen Schnabel an der Spitze des Berges. Wenn auf diese Weise der ganze Berg abgetragen ist, dann ist eine Sekunde der Ewigkeit vergangen.

Teil I: Zählen

Von der 0 zur 1
("Von der null zur eins")

In der Tat hat ja alles, was man erkennen kann, Zahl.
Denn es ist nicht möglich, irgendetwas mit den Ge-
danken zu erfassen oder zu erkennen ohne diese.
Philolaos aus Kroton

Was ist die Grundlage der Mathematik? Für die alten Griechen war
es die Geometrie, die Lehre von den Figuren, die man im Sand
zeichnen kann. Für die Babylonier war es die Arithmetik, die Lehre von den Zahlen und ihren Manipulationen. Zahlen sind viel ab-
strakter als Figuren. Sie können auf verschiedene Weise dargestellt
werden, und man kommt mit ihnen ganz natürlich ins Unendliche -
da, wo wir hin wollen. Aber womit beginnen wir?

Ein umfangreiches Buch über die Entwicklung der Zahlensysteme
im Verlauf der Erdgeschichte hat den bezeichnenden Titel "Von
der Eins zur Null". Denn die "Null" (0), mit der wir in der Mathematik üblicherweise zu zählen beginnen, bereitete enorme geistige
Schwierigkeiten. Wie kann man mit etwas rechnen, das nicht existiert? Die alten Inder verwendeten sie; die Abendländer verboten
sie. Aber sie setzte sich durch und machte unser Stellensystem für
Zahlen überhaupt erst möglich.

Weil wir hier Mathematik betreiben, fangen wir bei der Null an,
wie alle Mathematiker. Das kann gefährlich werden, wie folgende
Anekdote des polnischen Mathematikers *Waclaw Sierpinski* zeigt:
Auf einer Reise geriet er plötzlich in Panik, weil er ein Gepäck-
stück vergessen zu haben glaubte. "Aber Liebling" beruhigte ihn
seine Frau, "alle sechs Koffer sind da." "Das kann nicht sein" ent-

gegnete der Gemahl, "ich habe zweimal nachgezählt: null, eins, zwei, drei, vier, fünf."

Das kommt davon, wenn man zu kompliziert denkt - wiewohl Mathematiker auch beim Abzählen tatsächlich mit der Null beginnen. Und der Übergang zur "1" ist wirklich schwierig, denn es ist ein Übergang vom Nichts zum Etwas, vom Chaos zur Schöpfung. Ein solcher Übergang war in früheren Zeiten den Göttern vorbehalten; heute machen das Mathematiker. Dennoch ist die Eins eine ganz besondere Zahl, wie wir später noch sehen werden: Sie ist schwer erreichbar, sie kann nur durch eine Schöpfung des Geistes erzeugt werden, es gibt keinen Prozess, bei dem sie irgendwie erschaffen werden kann. Der mathematische Abstand zwischen 0 und 1 ist zwar gering (nämlich 1), der geistige Abstand dagegen unendlich. Denn aus Nichts entsteht Nichts. So müssen wir denn unsere Zahlenfolge mit der Eins beginnen, die wir - zusammen mit der Null - als gegeben ansehen. Und damit fangen wir im nächsten Kapitel an.

Zwischenspiel:
Von Dorfbarbieren und lügenden Kretern

> *Ein Mathematiker ist wie ein Blinder,*
> *der in einem dunklen Raum eine*
> *schwarze Katze sucht, die nicht da ist.*
> *Charles Darwin*

Schon die alten Griechen kannten eine Reihe sprachlicher Paradoxien, das sind Ausdrücke, die sich selbst widersprechen und damit zu logischem Unsinn führen. Die einfachste Art liegt in einer Visitenkarte, auf deren Vorderseite steht:

Der Satz auf der Rückseite ist falsch.

Auf der Rückseite lesen wir:

Der Satz auf der Rückseite ist wahr.

Jetzt wird's haarig. Satz (1) behauptet, Satz (2) wäre falsch. Das würde heißen, dass Satz (1) falsch ist, was bedeuten würde, dass Satz (2) doch wahr ist. Dann aber ist Satz (1) wieder wahr, was bedeutet ... siehe oben.

Die Griechen formulierten das Paradoxon so: *Epimenides* behauptet: Alle Kreter sind Lügner. Da er selbst aus Kreta stammt, hat er gelogen. Also sind doch nicht alle Kreter Lügner. Also hat er die Wahrheit gesagt. Also sind alle Kreter Lügner ... ad infinitum.

Solche unendliche Schleifen kennen wir auch aus der Datenverarbeitung: Wenn Ihr Betriebssystem wieder mal zusammenbricht, dann meist deshalb, weil es intern in eine unendliche Schleife geraten ist.

Der Mathematiker und Logiker *Bertrand Russell* formulierte die Sache in der Sprache der Mengenlehre. Das ist ein wenig kompliziert, und darum präsentieren wir hier seine vereinfachte Version. Russell definiert den *Dorfbarbier* wie folgt: Er rasiert alle Männer, die sich nicht selbst rasieren (Gruppe 1). Männer, die sich selbst rasieren (Gruppe 2) brauchen den Dorfbarbier nicht.

Soweit so klar. Die Schwierigkeit beginnt wieder bei dem, was wir **Selbstreferenz** nennen, also Selbstbezüglichkeit: In welche Gruppe gehört der Dorfbarbier? Wenn er sich selbst rasiert (Gruppe 2), dann rasiert er sich laut Definition nicht selbst. Wenn er aber sich nicht selbst rasiert (Gruppe 1), dann rasiert er sich laut Definition selbst.

Noch etwas komplexer ist die Sache mit Wörtern. Es gibt Wörter, die sich selbst bedeuten, aber davon finden wir wenige. Das Wort "kurz" ist tatsächlich kurz, und das Wort "Wort" ist selbst ein Wort. Solche Wörter nennen wir **autonym**. Die meisten Wörter aber bedeuten nicht sich selbst. "Rot" ist nicht rot, und "Mensch" ist kein Mensch (sondern ein Wort). Solche Wörter nennen wir **heteronym**.

Die Frage "Ist das Wort heteronym selbst heteronym oder ist es autonym?" führt uns wieder in einen unendlichen logischen Kreislauf. Denn wenn es autonym ist, dann bedeutet es sich selbst, und das ist heteronym. Ist es aber heteronym, dann bedeutet es eben *nicht* sich selbst, also ist es autonym. So oder so, wir kommen nicht weiter. Auch hier kommt das Problem dadurch zustande, dass wir etwas definieren und erst danach die Menge, die der Definition entspricht, in sich selbst einreihen wollen.

Was dann die Mengenlehre wirklich in Schwierigkeiten brachte, war die Sache mit der Menge aller Mengen, die sich selbst *nicht* enthalten. Die Argumentation ist die gleiche wie bei den heteronymen Wörtern. Und so führte die Definition einer Menge, die *Gottlob Frege* (1848 - 1925) ausdrücklich einführte, weil er sie brauchte, zu einem Widerspruch. Im Nachwort des zweiten Bands seiner Grundgesetze der Arithmetik von 1903 hat er darüber geschrieben:

Einem wissenschaftlichen Schriftsteller kann kaum etwas Unerwünschteres begegnen, als daß ihm nach Vollendung einer Arbeit eine der Grundlagen seines Baues erschüttert wird. In diese Lage wurde ich durch einen Brief des Herrn Bertrand Russell versetzt, als der Druck dieses Bandes sich seinem Ende näherte.

Und dann hat er seine Arbeiten auf dem Gebiet der axiomatischen Logik aufgrund dieser Entdeckung aufgegeben. Sein Lebenswerk war sozusagen zerstört.

Russell reagierte anders. Er schuf eine **Typenlehre**, mit der Selbstreferenzen unmöglich wurden. Doch den anderen Mathematikern war das zu kompliziert. Sie lösten das Problem auf elegante Weise: Mengen, die zu Widersprüchen führen, sind keine Mengen (sagen sie), sondern *Klassen*. Mit anderen Worten: Stolperst du über einen Widerspruch, bringe die entsprechende Menge unter Quarantäne. Dann ist alles gut - bis zum nächsten Widerspruch.

Die Entwickler des λ-Kalküls und der Theorie der Kombinatoren (die wir im letzten Hauptkapitel kennenlernen werden) haben aus der Not eine Tugend gemacht und aus dem lügenden Kreter ein wundersames Instrument entwickelt, den *Fixpunktoperator*, der aus jeder beliebigen Funktion ihren Fixpunkt extrahiert, also jenen Wert, der sich bei Anwendung der Funktion nicht ändert - und das Ganze ohne Widersprüche, streng konstruktiv, d.h. nachvollziehbar und berechenbar. Der Teufel, sagt man, existiert im Detail; er existiert vor allem in der Vorstellung.

Hier das Russellsche Paradoxon in mathematischer Schreibweise. Man kann Mengen **extensional** definieren, durch Aufzählung ihrer Elemente. Das gilt beispielsweise für die Menge der natürlichen Zahlen: $\mathbb{N} = \{1,2,3,...\}$. Die meisten Mengen werden aber **intensional** definiert, durch Angabe einer Eigenschaft, in der Hoffnung, dass es dann auch Elemente gibt, die diese Eigenschaft haben und nicht zu einem Widerspruch führen. Beispiel: M sei die Menge aller Nullstellen der Riemannfunktion, die nicht auf der Geraden x=1/2 liegen. Nach bisherigen Erkenntnissen enthält M kein einziges Element - aber ob's so ist, wissen wir nicht. So wird die Russellsche Menge R intensional definiert durch:

$R := \{x: x \notin x\}$ ("R ist die Menge aller x, die sich nicht selbst enthalten").

Dann gilt für alle R:

$x \in R$ wenn $x \notin x$ ("x gehört genau dann zur Menge R, wenn es sich selbst nicht enthält - Definition!). Setzt man jetzt x = R, dann ergibt sich:

$R \in R$ wenn $R \notin R$ ein offensichtlicher Unsinn!

Von der 1 zu n

("Von der eins zu klein-n")

Am Anfang ist das Zeichen.
David Hilbert

Wie kommen wir ins Unendliche? Wir fangen klein an, ganz klein, mit unseren Zahlen. In meiner Jugend las ich ein Buch von *Alexander Niklitschek* mit dem Titel "1, 2, 3 ... Unendlichkeit". Der Titel beschreibt ganz genau unseren Weg ins Unendliche: Von der 1 zur 2, von der 2 zur 3, von der 3 zu *n* (ein Symbol für eine nicht näher benannte Zahl), und irgendwann kommt dann der Große Sprung. Aber das hat noch Zeit.

Weil wir Mathematik betreiben, sollten wir zweierlei beachten: Erstens muss alles exakt sein, was auch bedeutet, dass wir ganz von vorne anfangen und nichts voraussetzen, außer das, was wir explizit beschreiben oder definieren. Und zweitens sollten wir auch ein paar Symbole verwenden, denn die vereinfachen das Denken.

Also gut: Was ist das Einfachste? Die Zahl 1. Und wie kommen wir weiter? Durch **zählen**, genauer gesagt: durch **weiterzählen**. So gelangen wir von der 1 zur 2, von der 2 zur 3, ... , von n zu $n+1$, usw. Diese Fähigkeit des Weiterzählens ist dem Menschen vorbehalten; sie ist eine seiner großen Erfindungen. Zwar können auch Krähen und andere Tiere entscheiden, ob eine Menge 5 oder 6 Dinge enthält. Aber bei dieser Zahl ist's dann zu Ende. Denn die klugen Vögel *zählen* nicht, sie sehen nur Muster. Und ab 6 (höchstens 7) Elementen werden diese Mengen nicht mehr unterscheidbar. Wir aber können von jeder beliebigen Zahl auf die nächste schließen. Dazu haben wir Notationssysteme entwickelt und auch Namen. Nicht alle Systeme sind gleich gut, aber alle sind irgendwie brauchbar.

Jetzt benötigen wir zweierlei: Erstens ein Symbol für Zahlen; und zweitens ein Symbol für den Prozess des Weiterzählens. Denn der unterscheidet sich vom Ergebnis. **Prozess** (Operation, Funktion): Zähle von der Zahl 17 um 1 weiter. Wir nennen diesen Prozess auch: den **Nachfolger** bestimmen. Ergebnis: 18. Die 18 ist der Nachfolger der 17.

Zahlen kennzeichnen wir so, wie es auch die Urmenschen taten. Sie ritzten Kerben in Hölzer oder Knochen. Für uns ist es aber einfacher, Stäbchen hinzulegen oder wegzunehmen. Denn letzteres wird mit eingeritzten Kerben schwieriger.

Die Zahl "1" sieht dann so aus: | ;

die "5" so: |||||; die Zahl n schreiben wir dann so: |...|

Diese Schreibweise kennen wir von den alten Römern. Für die galt:

> 1 = I, 2 = II, 3 = III, 4 = IIII

aber damit war Schluss, weil die Sache sonst zu unübersichtlich wird. Der britische Mathematiker und Computer-Experte *Alan Turing* (1912 - 1954) verwendete die gleiche Schreibweise bei der Beschreibung seiner Universal-Automaten: Auf ein endloses Band kann die Maschine eine "|" schreiben oder dieses Symbol wieder ausradieren.

Den Prozess des Weiterzählens kennzeichnen wir ganz einfach dadurch, dass wir rechts noch ein Stäbchen dazulegen. Um zu zeigen, dass hier etwas Neues dazukommt, kennzeichnen wir dieses Stäbchen **fett**. Der Übergang von n zu $n+1$ (symbolisiert durch den Pfeil) sieht also dann so aus:

$$|...| \rightarrow |...||$$

Auch für den Prozess des Weiterzählens, also für die Nachfolger-Operation, brauchen wir noch ein Symbol. Dafür haben sich die Mathematiker zwei Schreibweisen ausgedacht. Die erste setzt neben die Zahl einfach einen Strich: n' ("n-Strich") ist der Nachfolger von n. Der ' bedeutet also sowohl den Prozess als auch das Ergebnis. Die zweite Schreibweise lehnt sich an die Schreibweise von Funktionen an. Das sieht dann so aus:

$$\text{NACHFOLGER}(x) = \text{NFL}(x) \rightarrow x'$$

Gelesen: Die Anwendung der Funktion "Nachfolger" (abgekürzt: NFL) auf eine Zahl x liefert die Nachfolgezahl x'.

Mit einer solchen Schreibweise können wir schon einige andere wichtige Operationen durchführen und einfach darstellen. So kann ich ja auch die übernächste Zahl suchen, das wäre dann x" ("x-zwei-Strich"). Mit der Funktionendarstellung sähe das dann so aus:

$$NFL(NFL(x)) = NFL^2(x) \rightarrow x''$$

Ausgesprochen: "NFL hoch 2" oder "NFL-Quadrat" oder "NFL, zweimal angewandt". Der Vorteil dieser Darstellung: Statt der "2" können wir wieder eine allgemeine Zahl einsetzen, sagen wir k, und das sieht dann so aus:

$$NFL^k(x) \quad (\text{"NFL hoch } k, k\text{-ter Nachfolger von x"})$$

ist also der k-te Nachfolger von x - und das ist nichts anderes als x+k.

Wieso haben wir nicht gleich mit "+" und "-" gearbeitet? Weil wir diese Operationen noch nicht kennen. Die werden wir im nächsten Kapitel einführen. Bisher gibt es nur das Weiterzählen und die ganzen Zahlen, genauer: die positiven ganzen oder *natürlichen Zahlen*, das sind die Zahlen 1,2,3,...

Jetzt machen wir uns ein paar allgemeine Gedanken. Die erste Frage lautet: Wieviele Zahlen können wir auf diese Weise erzeugen? Unendlich viele? Leider nein, es sind nur *beliebig* viele, und das ist *nicht* unendlich. Zwar können wir zu jeder noch so großen Zahl eine größere finden, aber das führt uns noch nicht in die Unendlichkeit. Um das Unendliche echt zu fassen, brauchen wir mehr.

Gibt es zu jeder Zahl einen Nachfolger? Ja, denn Stäbchen zeichnen kostet nichts. Das Gegenteil des Nachfolgers ist der *Vorgänger*, das ist jene Zahl, die man erhält, wenn man ein Stäbchen wegnimmt. Gibt es zu jeder Zahl einen Vorgänger? Nein, denn bei der "|" können wir noch ein Stäbchen wegnehmen, dann kommen wir zur Null. Aber von der können wir nichts mehr wegnehmen, denn es liegt ja nichts mehr da. Also haben wir schon zwei Erkenntnisse:

(1) Jede Zahl hat einen Nachfolger.

(2) Nicht jede Zahl hat einen Vorgänger.

Was ziemlich banal klingt, wird im Unendlichen spannend: Gelten diese Gesetze dort auch noch? Wenn ja, was heißt das? Wenn nein, warum nicht?

Der Aufbau der Zahlen ist ein Musterbeispiel für die Vorgehensweise der Mathematik. Darum ist es auch so wichtig, diesen Prozess in allen Einzelheiten darzustellen und zu verstehen. Als nächstes werden wir versuchen, allein mit diesen Symbolen und Erkenntnissen die üblichen mathematischen Operationen zu definieren. Dabei beschränken wir uns auf die "aufbauenden" Funktionen Addition, Multiplikation und Exponentiation, denn die liefern immer größere Zahlen - und wir wollen hoch hinaus!

Zusammenfassung

| |eine Ziffer; die Zahl "1"

| |eine Ziffer wird rechts hinzugefügt (Nachfolger, um 1 weiter zählen)

|...| beliebige Zahl

$a \rightarrow b$ aus a wird b

n, x, k   ganze (natürliche) Zahlen

NFL(x) oder x'   Nachfolger von x

$NFL^k(x)$ k-ter Nachfolger von x, Abkürzung für NFL(NFL(NFL(...(x)...)) (Die Funktion NFL kommt k-mal vor)

Zwischenspiel: Warum Galilei das Unendliche ablehnte

In der Mathematik ist die Erkenntnis eines Problems schwieriger als dessen Lösung.

Georg Cantor

Im Mittelalter beschäftigten sich gelehrte Denker viel mit dem Unendlichen, meist im Zusammenhang mit Gott. Aber auch rein mathematische Überlegungen führten zu höchst modernen Erkenntnissen. Bereits *Roger Bacon* (1210-1292) stellte eine Beziehung zwischen zwei ungleichen Mengen her und erkannte, dass die Mengen gleich umfangreich ("gleich groß") sind. Er verband einfach jeden Punkt der Quadratseite mit dem entsprechenden Punkt der zugehörigen Diagonale. Es sind nun gleich viele Punkte (natürlich unendlich viele), und doch sind die Seiten verschieden lang. Bacon folgerte daraus, dass das Unendliche im Bereich der Geometrie nichts zu suchen hatte.

Der Philosoph *Albert von Sachsen* (1316/1325 - 1390) formuliert diese Erkenntnis erstaunlich modern:

Wenn zwei Mengen sich so verhalten, dass jeder Einheit der einen eine Einheit der anderen entspricht, dann ist die eine weder größer noch kleiner als die andere.

Also mit anderen Worten: Dann sind die Mengen einander gleich, auch wenn sie sehr unterschiedlich sind. *Galileo Galilei* (1564 - 1642) griff den Gedanken auf und ordnete die Menge der ganzen Zahlen der Menge der Quadratzahlen zu:

1 2 3   4 5 ...

↓ ↓ ↓ ↓ ↓

1 4 9 16 25 ...

Nachdem beide Reihen bis ins Unendliche fortgesetzt werden können, folgerte Galilei, dass die beiden Mengen gleich groß sind, obwohl die untere Menge eindeutig wesentlich weniger Elemente enthält als die obere (sie ist eine echte Untermenge der oberen). Woraus Galilei folgerte: Begriffe wie "kleiner", "gleich", "groß" haben im Unendlichen keine Bedeutung, und deswegen solle man sich damit nicht beschäftigen.

Genau andersherum dachte *Georg Cantor* (1845-1918). Für ihn war diese Zuordnungsmethode Ausgangspunkt seiner Lehre von den **transfiniten Zahlen** (Zahlen jenseits des Endlichen, über das Endliche hinausführend). Er machte daraus ein großartiges Werkzeug, das in ungeahnte geistige Höhen führte. Wir sehen: Die gleichen Fakten können ganz unterschiedlich aufgefasst werden. Der eine resigniert, der andere triumphiert - fast wie im richtigen Leben.

Dabei ist es gar nicht so schwierig sich vorzustellen, dass zwei unterschiedliche Mengen gleich groß sind ("gleich mächtig", wie man sagt). Stellen wir uns vor, wir hätten eine "Menge" Wasser (M), die beim Abwiegen genau einen Liter wiegt. Jetzt geben wir einen Tropfen Wasser dazu und erhalten dadurch die Menge M'. Es ist klar, dass M' > M, und dennoch ergeben noch so genaue Messungen, dass das Gewicht (die Größe) der Menge M gleich dem der Menge M' ist. Also ist es auch im Endlichen möglich, dass eine echte Untermenge (hier: M) genauso mächtig ist wie die Menge selbst (hier: M').

Zwei ungleiche Mengen mit gleichem Gewicht: M' ist größer als M, wiegt aber gleich viel - denn ein Tropfen ist nicht messbar.

Von n zu N
("Von klein-n zu groß-n")

Alles, worauf ein Mensch sich ernstlich
einläßt, ist ein Unendliches.
Johann Wolfgang von Goethe

Wir sind immer noch im Endlichen, aber jetzt basteln wir uns einige wirklich große Zahlen zusammen. Doch erst müssen wir die üblichen arithmetischen Operationen definieren, d.h. auf schon Bekanntes zurückführen. Schauen wir uns die Sache an ein paar Beispielen ein wenig näher an! Z.B. 5 + 2. Das sieht in unserer symbolischen Schreibweise so aus:

(1) ||||| || → |||||||

Und umgekehrt? 2 + 5 sieht so aus:

(2) || ||||| → |||||||

Das Resultat ist das Gleiche (nämlich 7), aber die Vorgangsweise ganz unterschiedlich. Im ersten Fall haben wir 2-mal den Nachfolger von 5 bestimmt, im zweiten Fall 5-mal den Nachfolger von 2. Da man die beiden Zahlen vertauschen kann, und da vertauschen im lateinischen "commutare" heißt, nennt man deswegen die Addition *kommutativ*. Nicht jede mathematische Operation muss kommutativ sein, und im Unendlichen schon gar nicht!

Jedenfalls können wir die Addition auf die Nachfolger-Operation zurückführen, indem wir schreiben:

$$ADD(a,b) = NFL^b(a)$$

(Die Addition zweier Zahlen a und b besteht in einer b-maligen Anwendung der Nachfolge-Operation auf a.)

Das Gleiche wird uns wohl auch mit der Multiplikation gelingen. Wir wollen sie auf die Addition zurückführen und schauen uns die

Vorgangsweise wieder an einem Beispiel an. 2 × 5 sieht in unserer Schreibweise so aus:

(1) || || || || || → ||||||||||

Umgekehrt: 5 × 2 sieht so aus:

(2) ||||| ||||| → ||||||||||

Auch hier sehen wir, dass sich bei Vertauschen der Faktoren ganz unterschiedliche Muster ergeben. Bei 2 × 5 haben wir 5-mal das Muster "||" nebeneinander gestellt; bei 5 × 2 haben wir 2-mal das Muster "|||||" nebeneinander gestellt. Das Endresultat ist das Gleiche - im Endlichen.

Also können wir definieren:

$$MUL(a,b) = ADD^b(a)$$

(Die Multiplikation zweier Zahlen a und b besteht in einer b-maligen Anwendung der Addition auf a.)

In der Schule haben wir gelernt, dass die Exponentiation (Potenzbildung) nichts anderes ist als eine wiederholte Multiplikation:

$$2^5 = 2 \times 2 \times 2 \times 2 \times 2 \ (= 32), \text{ oder:}$$

$$EXP(a,b) = MUL^b(a)$$

(Die Exponentiation von a^b besteht in einer b-maligen Anwendung der Multiplikation auf a.)

Jetzt kommen typisch mathematische Überlegungen. Nachdem die Rückführungsgesetze alle gleich aussehen, könnten wir doch diese drei Gesetze zu einem einzigen zusammenfassen. Dazu brauchen wir einen neuen Namen für die verallgemeinerte arithmetische Operation. Nennen wir das ganze POTENZ, abgekürzt POT. Ferner brauchen wir jetzt noch einen *Index*, eine Zahl, die uns angibt, um welche Operation es sich handelt. Das sähe dann so aus:

$$POT_0 = \text{Nachfolger}$$

POT_1 = Addition
POT_2 = Multiplikation
POT_3 = Exponentiation

und allgemein gilt dann also:

$$POT_n(a,b) = POT_{n-1}{}^b(a)$$

Wozu der Aufwand? werden manche fragen. Doch jetzt, nach diesen umständlichen Vorbereitungen, zeigt sich die ganze Stärke mathematischer Denkweise und Symbolik. Denn jetzt können wir fragen: Was bedeutet eigentlich POT_4 oder POT_5 oder ... ?

$POT_4(a,b)$ bedeutet die b-malige Anwendung von POT_3, also der Exponentiation. D.h.,

$$POT_4(2,5) = 2^{2^{2^{2^2}}}$$

eine Zahl, die man kaum ausrechnen, aber immerhin noch hinschreiben kann. Diese Rechenoperation hat auch den Namen "Tetrierung" (von griechisch "tetra" = vier, die Nummer des Index), und man schreibt sie manchmal in dieser Form:

$${}^b a \qquad (\text{"}a, \text{ } b\text{-mal tetriert"})$$

Dagegen können wir POT_5 nicht mehr hinschreiben und schon gar nicht ausrechnen.

Der deutsche Mathematiker *Wilhelm Ackermann* (1896-1962) hat sich eine Funktion ausgedacht, in der er diese Stufenfolge der arithmetischen Operationen rekursiv zusammenfasste. Wir haben gleich das entsprechende BASIC-Programm hingeschrieben. Aber Vorsicht beim Ausprobieren! Bis m=3 geht alles gut, doch ab m=4 bricht der Computer zusammen.

```
FUNCTION acker (m, n)
   IF n < 0 THEN
      EXIT FUNCTION
```

```
    ELSEIF m = 0 THEN
        acker = n + 1
    ELSEIF n = 0 THEN acker = acker(m - 1, 1)
    ELSE acker = acker(m - 1, acker(m, n - 1))
    END IF
END FUNCTION
```

Der Mengentheoretiker *Harvey M. Friedman* von der Ohio State University hat mit Hilfe der Ackermann-Funktion eine eigene Funktion definiert - nennen wir sie FRIED(n) - , die derart schnell wächst, dass ab n=3 ihr Wert nicht mehr errechnet werden kann. *Friedman* fand heraus: FRIED(1)=3, FRIED(2)=11, und das war's. FRIED(3) ist, nach Computer-Berechnungen, größer als acker(7198,158386), eine unvorstellbare Zahl. FRIED(4) kann man mühsam noch irgendwie hinschreiben. Dazu definiert man A(n) = acker(n,n) (Diagonalisierung der Ackermann-Funktion). Dann ist FRIED(4) größer als AA...A(1), wobei A insgesamt so oft vorkommt, wie der Wert von A(187196) ergibt. *Friedman* nennt seine Zahlen "enorm", eine milde Untertreibung!

Zusammenfassung.

Die allgemeine Potenz sieht so aus:

$$POT_n(a,b) = POT_{n-1}^{\ b}(a)$$

mit POT_0 = Nachfolger, POT_1 = Addition, POT_2 = Multiplikation, POT_3 = Exponentiation, POT_4 = Tetrierung.

Zwischenspiel:
Wie wir mit einer Kerze die Unendlichkeit sehen

Jemand sagte zu mir: Nicht zum Wachen bist du erwacht, sondern zu einem früheren Traum. Dieser Traum ist in einem anderen Traum, und so bis ins Unendliche, welches die Zahl der Sandkörner ist. Der Weg, den du zurücklegen musst, ist ohne Ende, und du wirst sterben, ehe du wahrhaft aufgewacht bist.
Jorge Luis Borges

Bevor wir den mathematischen Sprung ins Unendliche wagen, zeigen wir an zwei einfachen Beispielen, wie wir durch Denken bzw. durch geschicktes Schauen in einen Spiegel einen Blick der Unendlichkeit erhaschen können.

Bei der ersten Methode wenden wir wieder die Selbstbezüglichkeit an und denken über uns selber nach, wie wir über uns selber nachdenken, wie wir ... ad infinitum. Rodins Denker zeigt, wie es geht.

Bei der zweiten Methode stellen wir uns zwischen zwei parallele Spiegel. Weil wir selbst dann alles verdecken würden (und wir außerdem zu lichtschwach für die Unendlichkeit sind), stellen wir lieber eine Kerze dazwischen. Das zweite Bild zeigt dann in etwa die scheinbare Reise des Lichts in die Unendlichkeit. (Den hinteren Spiegel haben wir der Einfachheit halber nicht dargestellt.) In Wirklichkeit wandert das Licht nur ständig zwischen den beiden Spiegeln hin und her; dabei legt es im Prinzip aber tatsächlich eine unendlich lange Strecke zurück. In Wirklichkeit nimmt die Lichtstärke jedes Mal ab, sodass die Kerze lange vor der Unendlichkeit scheinbar erlischt.

Eine Kerze zwischen zwei Spiegeln wandert in die Unendlichkeit

*Rodins Denker denkt über sich selbst, dass er über sich selbst
nachdenkt, dass er ... ad infinitum*

Von N zu ω
("Von groß-N zu klein-omega")

*Das Unendliche hat wie keine andere Frage von jeher so tief
das Gemüt der Menschen bewegt. Das Unendliche hat wie
kaum eine andere Idee auf den Verstand so anregend ge-
wirkt. Das Unendliche ist aber auch wie kein anderer Begriff
der Aufklärung bedürftig.*

David Hilbert

(a) der gaaaanz langsame Weg

Wenn Sie etwas mit Mathematik zu tun haben, kennen Sie bestimmt die harmonische Reihe, die so aussieht:

$$H = 1 + 1/2 + 1/3 + 1/4 + 1/5 + ...$$

Aber selbst wenn Sie Bescheid wissen, das Verhalten dieser Reihe
verblüfft immer wieder. Erste Frage: konvergiert sie (ist ihre
Summe, ihr "Grenzwert", endlich) oder divergiert sie (strebt die
Summe nach unendlich)? Die Glieder werden zwar immer kleiner,
aber das sagt erst mal nichts. Ein einfacher Beweis (einer von vielen) zeigt: Die Reihe divergiert, ihre Summe nähert sich unendlich,
allerdings auf derart langsame Weise, dass es keiner glauben mag.
Der Beweis stützt sich auf die Tatsache, dass ein Bruch (wertemä-
ßig) kleiner wird, wenn man den Nenner vergrößert, also: 1/3 ist
kleiner als 1/2, denn 3 ist *größer* als 2. Nun fassen wir die einzelnen Glieder der Reihe erst mal zusammen:

$$H = 1 + 1/2 + (1/3 + 1/4) + (1/5 + 1/6 + 1/7 + 1/8) + (1/9 +... + 1/16) + ...$$

Jetzt *verkleinern* wir die Glieder in den Klammern, indem wir die Nenner
vergrößern, und erhalten eine neue Reihe

$$H' = 1 + 1/2 + (1/4 + 1/4) + (1/8 + 1/8 + 1/8 + 1/8) + (1/16 + ... + 1/16) + ...$$

(verkleinerte Glieder in **fett**). Weil wir alle Glieder verkleinert haben, muss H' auch kleiner sein als H, oder H größer als H': H>H'. Nun aber sehen wir, dass die Summe der ersten Klammer gleich 2 x 1/4 = 1/2 ist, die Summe der zweiten Klammer gleich 4 x 1/8 = 1/2, die der dritten Klammer gleich 8 x 1/16 = 1/2, usw.. Also sieht H' so aus: H' = 1 + 1/2 + 1/2 + 1/2 + ..., und das gibt zweifellos ∞. Weil aber H größer als H' ist, muss H erst recht gegen ∞ streben.

So weit so gut, aber wie gut oder schlecht divergiert H? Wenn Sie die Sache am Rechner ausprobieren, werden Sie erkennen: Egal, wie genau Sie rechnen lassen, die Reihe *konvergiert* auf jeden Fall zu einem Wert < 10! Der Grund: Irgendein Glied *1/n* ist so klein, dass es vom Rechner mit null gleichgesetzt wird, und ab da ist Schluss mit Divergenz. Eine 'experimentelle' Überprüfung würde uns also in diesem Fall total in die Irre führen. So fanden beispielsweise die Mathematiker *Wrench* und *Boas* 1971 heraus, dass H zum ersten Mal größer als 100 wird nach der Aufsummierung von ca. 10^{44} Gliedern! Im Übrigen entspricht die harmonische Reihe in der Analytik der Logarithmus-Funktion - deren Gang nach unendlich man auch noch beliebig verlangsamen kann, indem man den Logarithmus logarithmiert, und diesen wiederum ...

Doch auch auf das Umgekehrte kann man sich nicht verlassen. In dem Buch "Surprising Solutions to Counterintuitive Conundrums" von *Julian Havil* finden wir ein weiteres erstaunliches Beispiel für unsere falschen Vorstellungen von Wachstum und Schrumpfen. Der englische Logiker *Reuben Louis Goodstein* (1912–1985) hat sich eine Zahlenfolge ausgedacht, von der jeder annimmt, dass sie ins Unendliche wachsen *muss*, denn das sieht man ja unmittelbar: Jede Zahl wird erst durch Potenzen von 2 dargestellt, auf bestimmte "normierte" Weise. Dann wird die Basis "2" durch "3" ersetzt, wodurch die Zahl natürlich wächst. Nach Goodsteins Regeln wird nur jeweils eine 1 abgezogen, das wird ja nicht viel ausmachen. Danach wird die "3" durch eine "4" ersetzt, diese durch eine "5" usw. (Genaueres in dem erwähnten Buch oder in dem Wikipedia-Artikel "Goodstein-Folge".)

Die Basis wird also immer größer, die Rechenoperationen bleiben aber gleich, also muss die Zahlenfolge wachsen. Tut sie auch, erst mal, aber Goodstein konnte 1944 beweisen: Jede Folge führt irgendwann mal gegen null!

Doch nun kommt das Seltsame: Obwohl die Zahlenfolge nur elementare arithmetische Operationen benötigt, konnte Goodstein seinen Beweis nur mit der unendlichen Zahl ε_0 durchführen (siehe "Von klein-omega zu epsilon-null"). Das allein erstaunt nicht, denn viele Beweise benötigen höhere Mittel - erst mal. Mathematiker suchen allerdings nach "elementaren" Beweisen, also solchen, die möglichst wenige andere Theorien brauchen. Das Erstaunliche am Goodsteinschen Beweis: Die Mathematiker *Laurie Kirby* und *Jeff Paris* wiesen 1982 nach, dass es keinen elementaren Beweis geben kann. Damit haben sie zum ersten Mal einen konkrete Bestätigung des Gödelschen Unvollständigkeitssatzes gefunden, der besagt: In jeder Theorie gibt es Aussagen, die wahr sind, innerhalb der Theorie aber nicht bewiesen werden können.

Groteske Erkenntnis: Die Goodsteinzahlen bleiben nicht nur im Endlichen, sie verschwinden sogar. Aber um das zu beweisen, braucht man eine reichlich große unendliche Zahl!

(b) der seeeeehr schnelle Weg

Am schnellsten kommen wir ins Unendliche mit der Funktion y = 1/x an der Stelle x=0. Nähern wir uns von rechts dieser Stelle, schießt die Funktion immer schneller in die Höhe, durchbricht alle Schranken, erreicht zuletzt mit unendlicher Geschwindigkeit ∞, wo sie sich aber nicht lange aufhält, denn schon taucht sie auf der anderen Seite, bei -∞ wieder auf. Die Funktion ist eine Hyperbel mit der y-Achse als Asymptote. Aus dem seltsamen Verhalten schließen wir, dass -∞ gleich +∞ ist, die Asymptote ist also keine Gerade, sondern ein Kreis mit einem unerreichbaren Punkt, nämlich ±∞.

Dieser Weg bringt uns aber nicht weiter. Denn erstens entschwindet das Unendliche bei dieser Achterbahn-Höllenfahrt, wir können es weder fassen noch analysieren noch zu etwas anderem verwenden. Und zweitens ist die Verbindung zwischen Geometrie (wie hier) und Arithmetik (wie in der Mengenlehre) mit vielen Logikfallen gespickt. So müssen wir also doch den mühevollen, aber fruchtbaren Weg des Weiterzählens beschreiten.

(c) der gemäßigt-gleichförmige Weg

Um allein durch Zählen ins Unendliche zu gelangen, brauchen wir schlicht und einfach eine neue Operation. Wir nennen sie LIMES, abgekürzt LIM, und manche Leser kennen den Ausdruck vielleicht noch aus dem Mathe-Unterricht, wo er bei der Berechnung von unendlichen Reihen verwendet wird. (Oder vom Geschichtsunterricht, wo die Römer so was hatten. Aber das ist eine andere Geschichte.)

Wir haben einen Namen für die Operation, jetzt fehlt uns noch ein Name für das Ergebnis. *Georg Cantor*, von dem alle diese Ideen stammen, wählte dazu den letzten Buchstaben des griechischen Alphabets, ω ("klein-omega"). Also gilt:

LIM(n) → ω (n = beliebige endliche Zahl),

oder kürzer: **1 2 3** ... ω

Die drei Punkte bedeuten also: Wage den Sprung, fürchte dich nicht vor dem Abgrund, lande bei ω. Jetzt brauchen wir noch ein Symbol für ω. Dafür nehmen wir eines, das der Mathematiker und Erfinder des Computer-Spiels LIFE, *James Horton Conway*, sich ausgedacht hat:

Es soll die Telegrafenmasten symbolisieren, die auf ihrem Weg ins Unendliche immer kleiner werden. Nun gut, jetzt sind wir auf der Ebene "ω" gelandet; und was weiter? Haben wir den Endpunkt unserer Reise erreicht, oder sind wir nach einer Himmelfahrt auf einer Plattform gelandet, von der aus es weiter geht, in ungeahnte Höhen?

Warum nicht all das anwenden, was wir bisher erarbeitet haben? Wir können doch fragen, ob ω einen Nachfolger hat. Einen Vorgänger hat ω bestimmt nicht, denn "einen Schritt vor unendlich" gibt es nicht. In dieser Hinsicht gleicht ω der Null. Doch einen Nachfolger hat die erste, die kleinste aller unendlich großen Zahlen, allemal, nämlich

$\omega' \rightarrow \omega + 1$

So einfach ist das. Doch wie sieht das Ganze symbolisch aus? Wir verwenden wieder unsere vertrauten Symbole:

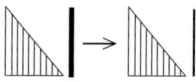

Wir haben also einfach ein Stäbchen rechts angefügt. Aaaaaaber: Wie ist das umgekehrt? Was ergibt 1 + ω? Unsere grafische Darstellung verhilft uns zur Erkenntnis:

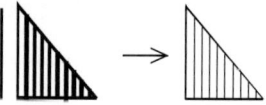

Das Hinzufügen eines Stäbchens auf der linken Seite ändert nichts, weil es im Unendlichen untergeht (siehe auch unser Zwischenspiel über "Hilberts Hotel"). Und das bedeutet:

$1 + \omega = \omega$

Das kommutative Gesetz der Addition ist im Unendlichen nicht erfüllt! Da schleicht sich der Verdacht ein, dass es mit der Multiplikation ähnlich sein könnte. In der Tat ergibt $\omega \times 2$ das Symbol für ω verdoppelt:

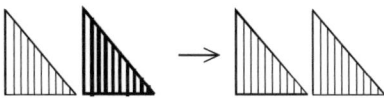

aber $2 \times \omega$ ergibt die 2, ω-mal nebeneinander gestellt:

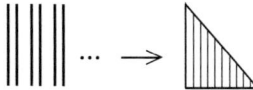

d.h., $2 \times \omega = \omega$.

Die Exponentiation ist sowieso schon nicht kommutativ, doch auch hier ergeben sich erst mal überraschende Resultate. Zwar ist ω^2 tatsächlich gleich $\omega \times \omega$, aber $2^\omega = 2 \times 2 \times 2 \times \ldots = \omega$. Im Unendlichen ist eben manches anders. Und im Bereich der unendlichen Mengen (Kardinalzahlen) wird die Sache noch ganz anders!

Zusammenfassung

Zur kleinsten unendlich großen Zahl ω gelangt man beim reinen Zählen durch einen speziellen Prozess, die Limesbildung (LIM), auch durch drei Punkte angedeutet: 1 2 3 ... ω. Arithmetische Operationen mit ω sind nicht kommutativ, denn $\omega + 1$ ist zwar der Nachfolger von ω, aber $1 + \omega = \omega$. Ähnlich Multiplikation: $\omega \times 2$ ergibt das Doppelte von ω, aber $2 \times \omega = \omega$.

Zwischenspiel:
Theologische Spekulationen

Ich merkte, dass alles, was Gott tut, das besteht immer: man
kann nichts dazutun noch abtun; und solches tut Gott, dass
man sich vor ihm fürchten soll.
Prediger Salomo (Kohelet), Kapitel 3/14

Cantor hat's getan, wir machen es ihm nach: Was hat Gott mit dem
Unendlichen zu tun? Viel, und erstaunlich sind auch die Analogien
zur Bibel. So entspricht der Übergang von der 0 zur 1 der Erschaffung der Welt durch den reinen Geist, wie er in der Genesis beschrieben ist: Die "1" entspricht dem Licht, das Gott durch seine
Worte erschuf. Gottes Schöpfungsakt wiederholt sich zweimal, erst
bei der Erschaffung des Mannes (1), dann bei der Erschaffung
Evas (2). Diese Form ist ungewöhnlich und wird als frauenfeind-
lich interpretiert. Doch vom Standpunkt der Cantorschen Zahlen-
lehre ist die doppelte Schöpfung gerechtfertigt, denn sowohl die 1
als auch die 2 sind *schwer erreichbare* Zahlen: die 1 sowieso, die
zwei sozusagen nur noch halb. Die 1 kann aus der 0 in keiner Weise erschaffen werden, die 2 aus der 1 schon, aber nur mit göttlicher
Hilfe, da zu ihrer Erzeugung 2 Summanden nötig sind (2 = 1 + 1),
und der Begriff "2" ja noch nicht existiert. Also braucht auch die 2
einen Gott, der sie erzeugt, wenngleich in geringerem Maße als die
1.

Der Rest der Zahlen ergibt sich von selbst durch die Nachfolgerfunktion. So kann auch der Rest der Welt durch den Menschen erschaffen werden, Gott kann sich zurückziehen und sich andere
Welten ausdenken. Interessant wird die Sache wieder mit Einführung des Begriffs der Unendlichkeit. Denn diese Unendlichkeit
finden wir schon im Paradies: Es ist der Baum des ewigen (= unendlichen) Lebens. Nachdem Adam und Eva bereits vom Baum
der Erkenntnis zwischen gut und böse gegessen hatten, konnte ihr
Schöpfer gerade noch verhindern, dass sie auch noch unsterblich

wurden. Er hat ihnen die Unendlichkeit verboten, denn die ist nur den Göttern vorbehalten.

So war es dann auch in der Gesellschaft: Das Unendliche war die meiste Zeit verboten. Die alten Griechen lehnten es ab, und diejenigen, die es benutzten (Archimedes, Eudoxos) mussten mathematische Klimmzüge anwenden, um den Anschein des Unendlichen zu vermeiden. Als dann im Abendland unendlich kleine Größen eingeführt wurden (durch Newton und Leibniz), da protestierten alle, die Rang und Namen hatten, oder machten sich darüber lustig. Später wurde der Begriff einer "unendlich kleinen" Größe aus der Mathematik völlig entfernt und durch mühevolle ε-δ-Manipulationen ersetzt, der Schrecken aller Mathematik- und Physikstudenten. Als dann *Abraham Robinson* um 1960 eine Methode fand, mit Infinitesimalen tatsächlich zu rechnen, ganz ohne den komplizierten Apparat der ε-δ-Approximation, da nahm ihn niemand zur Kenntnis. Dagegen gibt es unzählige Aussprüche bedeutender Mathematiker, die das (aktual) Unendliche explizit verbieten. Typisch dafür *Karl Friedrich Gauß*:

So protestiere ich gegen den Gebrauch einer unendlichen Größe als einer vollendeten, welche in der Mathematik niemals erlaubt ist. Das Unendliche ist nur eine Façon de parler.

Oder der Philosoph *Ludwig Wittgenstein*:

Wogegen ich mich wehre, ist die Anschauung, dass die unendliche Zahlenreihe etwas Gegebenes sei, worüber es nun spezielle Zahlensätze und auch allgemeine Sätze über alle Zahlen der Reihe gibt.

Oder der mittelalterliche Gelehrte *Thomas von Aquin* (1225 - 1274):

Die Existenz einer aktual unendlichen Größe ist unmöglich. Denn jede vorstellbare Menge von Dingen muss eine bestimmte Menge sein. Und Mengen von Dingen sind bestimmt durch die Zahl von

Dingen in ihnen. Doch keine Zahl ist unendlich, denn Zahlen erge-
ben sich nur durch das Zählen von Mengen.

Indes, jetzt wird's spannend: Wir können die *Menschenrechte* aus
den Eigenschaften von ω ableiten! Identifizieren wir vorläufig ω
mit Gott (was nicht stimmt: Ω ("groß-Omega") entspricht dem
höchsten Wesen) und die endlichen Zahlen mit den Menschen,
dann ergibt sich daraus:

(1) Die Menschen sind untereinander verschieden. (17 ist kleiner
als 23)

(2) Vor Gott sind alle Menschen gleich (17 und 23 sind von ω
gleich weit entfernt).

Ersteres führte zum mittelalterlichen Ständestaat: Ganz unten stehen Bauern und fahrendes Volk, dann kommen Bürger, niederer
Adel, Geistliche, zuletzt Papst und Kaiser.

Letzteres führt zur Botschaft der biblischen Propheten: Wenn vor
Gott alle Menschen gleich sind, haben sie vor IHM auch die gleichen Rechte. Und da Gott allen Menschen eine unsterbliche Seele
gab, ist diese Seele vor Gott gleichwertig, unabhängig von der
Stellung des Einzelnen in der Gesellschaft. Daraus ergeben sich so
seltsame (und nicht-christlichen Gesellschaften unverständliche)
Ideen wie Menschenwürde und Menschenrechte. Und das alles
wegen der Eigenschaften des Unendlichen!

Besonders interessant ist die explizite Gleichsetzung von Gott mit
der größten denkbaren Unendlichkeit, dem Ω. Denn dieses wider-
sprüchliche Konzept wird munter als Leuchtturmfeuer der Suche
nach immer größeren unendlichen Zahlen verwendet. Dabei kann
Ω weder als Ordinalzahl existieren, denn dann könnte man 1 addieren, und man hätte eine größere Zahl; noch als Kardinalzahl, denn
dann müsste die entsprechende Menge(die größte aller Mengen)
auch sich selbst enthalten, wodurch sie schon wieder größer wäre
als angenommen.

Doch möglicherweise auf Grund der theologischen Vorlieben *Cantors* hat dieser das Absolute als Richtschnur eingeführt und dabei ein seltsames Prinzip sich ausgedacht: das **Reflexionsprinzip**. Es bedeutet, grob gesagt, etwa folgendes: Denken wir uns irgendeine Eigenschaft für Ω aus. Das können wir, da wir ja annehmen, dass Ω existiert, vielmehr nicht existiert, oder wie war das? Egal, diese Eigenschaft kann nicht allein Ω zukommen, denn dann wäre Ω etwas Besonderes. Ω aber ist das Allgemeine, Unbeschreibbare, das nicht durch eine einzige Eigenschaft definiert werden kann. Folglich muss es Zahlen (Mengen) unterhalb von Ω geben, die durch diese gedachte Eigenschaft ausgezeichnet sind.

Was ursprünglich (von *Augustinus*) ein Argument für die Unerforschlichkeit Gottes war, wird nun zum Gegenteil, zu einem Argument für die Sterblichen, für die nicht-vollkommenen Mengen, für das Fassbare. Es hilft nichts: Sobald der erste Widerspruch auftaucht, ist alle Logik beim Teufel - und Ω auch, sofern das für ein so göttliches Wesen überhaupt möglich ist.

Von ω zu ε_0
("Von klein-omega zu epsilon-null")

Das Unendliche ist dort, wo der Unsinn vernünftig wird.
Carl Friedrich von Weizsäcker

Jetzt wollen wir den Weg weiter gehen, bis zu einer Zahl, die einen kleinen Endpunkt unserer Reise ins absolut Unendliche darstellt. Dazu stellen wir uns Laufbänder vor, die von außen nach innen immer schneller werden.

Auf dem ersten (äußersten) Laufband addieren wir:

$$\omega, \omega+1, \omega+2, \dots \omega+\omega = \omega \times 2$$

Auf dem nächsten, schon etwas schnelleren Laufband multiplizieren wir:

$$\omega \times 2, \ \omega \times 3, \ ... \ \omega \times \omega = \omega^2$$

Auf dem dritten Laufband müssen wir aufpassen, nicht herunter zu fallen, denn dort exponenzieren wir:

$$\omega^2, \ \omega^3, \ \omega^4, \ ... \ \omega^\omega$$

Jetzt sind wir ganz schön weit, ohne uns sonderlich angestrengt zu haben. Auf dem innersten, dem schnellsten Laufband, wagen wir die letzten, wirklich großen Sprünge:

$$\omega^\omega, \ \omega^{\omega^\omega}, \ \omega^{\omega^{\omega^\omega}} \ ...$$

Der allerletzte Sprung besteht aus unendlich vielen Exponenten ω zur Basis ω. Diese Zahl nannte *Cantor* ε_0 ("epsilon-null"), und dort hörte seine Reise ins Unendliche vorläufig auf. Die Zahl haben wir auf dem Titelbild dargestellt; hier noch einmal ihre Definition:

$$\varepsilon_0 \ = \ \omega^{\omega^{\omega^{\omega^{...}}}} \Big\} \omega\text{-mal} \ = \ {}^\omega\omega$$

Der letzte Ausdruck bedeutet: ω, ω-mal tetriert.

Eine gewaltige Zahl, mit der bemerkenswerten Eigenschaft, dass

$$\varepsilon_0 = \omega^{\varepsilon_0}$$

denn ein ω mehr oder weniger macht hier nichts aus! Natürlich können wir, nach einer geeigneten Verschnaufpause, weiter den Himmel des Unendlichen erklimmen und z.B. ε_1 definieren als

$$\varepsilon_1 = {}^{\varepsilon_0}\omega$$

also ω, ε_0-mal tetriert. Unvorstellbar, im Unendlichen aber immer noch eine Erdnuss (neudeutsch: peanut). Und so geht es mit den Indizes weiter, bis zu ε_ω und so weiter. Jetzt kann man die unendliche Folge auch nach unten fortsetzen, d.h. eine ε-Zahl mit unendlich vielen Indizes finden. Die sieht dann so aus:

... und wie groß die ist, kann sich niemand vorstellen! Jedenfalls gilt auch für diese gigantische Zahl eine Gleichung, nämlich

$$\varepsilon_\alpha = \alpha$$

Cantor nannte seine unendlich großen Zahlen nicht *infinit* (= nicht-endlich), sondern *transfinit* (= jenseits des Endlichen). Dieses Wort hat Anklänge an "transzendent", also jenseits unserer Erfahrung, mit anderen Worten: spirituell, religiös. Und da sich *Cantor* viel mit theologischen Spekulationen beschäftigt hat, passt auch diese Bezeichnung recht gut zu seinen Schöpfungen.

Brauchen wir solche Zahlen irgendwo? Im Prinzip nein (auch nicht in der Mathematik); allerdings hat ε_0 eine gewisse Bedeutung. Der deutsche Mathematiker *Gerhard Gentzen* (1909 - 1945) hat bewiesen, dass die Arithmetik widerspruchs-frei ist. Dabei benutzte er unendlich lange Ausdrücke; die Wortlänge würde allerdings, so versicherte er, niemals die Zahl ε_0 überschreiten. Ob so etwas überhaupt zulässig wäre, darüber streiten die Gelehrten heute noch. Wie wir schon zeigten, wird ε_0 auch zum Beweis der Konvergenz der Goodsteinzahlen gebraucht.

Und das war's! Die Reise mit nur zwei Operationen, dem Nachfolger und dem Limes, geht damit zu Ende. *Cantor* verfolgte diese Zahlenfolge nicht weiter, sondern wandte sich anderen Zahlen zu, den *Kardinalzahlen*. Mit denen konnte man viel fantastischere Dinge machen, weil bei ihnen nicht mehr gezählt, sondern definiert wurde. *Mathematik ist Freiheit* sagte *Cantor* einmal, und diese Freiheit trieb die erstaunlichsten Blüten.

Somit beginnen wir mit dem nächsten Kapitel etwas völlig Neues. Die ganze Fähigkeit des abstrakten und unbeschränkten Denkens wird uns mit den Kardinalzahlen zu atemberaubenden Erkenntnissen führen. Nehmen wir also Abschied von den einfachen *Zählzahlen*, deren korrekte Bezeichnung **Ordinalzahlen** lautet und deren

Aufgabe bloß darin besteht, irgendwelche Elemente durchzunum-merieren. Sie dienen dem Auf- und Weiterzählen, man kann sie in eine Ordnung bringen (daher der Name), es ist also immer mög-lich, von zwei Ordinalzahlen zu sagen, welche die größere und welche die kleinere ist. Doch im Meer der Unendlichkeit sind sie nur ein paar Kräuselwellen im flachen Sandstrand.

Das Cantorsche Verfahren zur Erreichung einer hohen transfiniten Zahl ist uralt. Bereits *Archimedes* (287 - 212 v. Chr.) verwendete es in seiner berühmten "Sand-rechnung". Ausgangspunkt war die damals höchste bekannte und darstellbare Zahl, eine "Myriade", lächerliche 10.000 (= 10^4). Die verwendete er doppelt, wo-mit sich ergab: eine Myriad-Myriade = MM = 10^8. So ging er in Stufen und Peri-oden vor:

$$MM, 2MM, ... , MM \times MM = MM^2$$
$$... \qquad MM^3$$
$$...$$
$$... \qquad MM^{MM}$$

... und schließlich ^{MM}MM, also MM tetriert (MM hoch MM hoch MM hoch ..., insgesamt MM-mal). Archimedes ging aber nur bis ^3MM und kam so zuletzt auf die Zahl von 10^{63} Sandkörnern, was, umgerechnet auf Elementarteilchen, in etwa dem entspricht, was Astronomen nach der Urknallhypothese von der Größe und Masse des Weltalls annehmen.

Zusammenfassung

Durch wiederholte Anwendung der üblichen arithmetischen Opera-tionen gelangt man von ω zu ε_0, das definiert ist als

$\varepsilon_0 = {}^{\omega}\omega$ (Tetrierung). ε_0 hat eine Fixpunkteigenschaft, nämlich $\varepsilon_0 = \omega^{\varepsilon_0}$, und so kann man auch ε_n definieren als $\varepsilon_n = {}^{\varepsilon_{n-1}}\omega$.

Alle diese Zahlen sind Ordinalzahlen, da sie zur Durchnummerie-rung von Mengenelementen dienen. Die höchste auf diese Weise sinnvoll darstellbare Zahl hat unendlich viele Indizes und genügt der Gleichung $\varepsilon_\alpha = \alpha$.

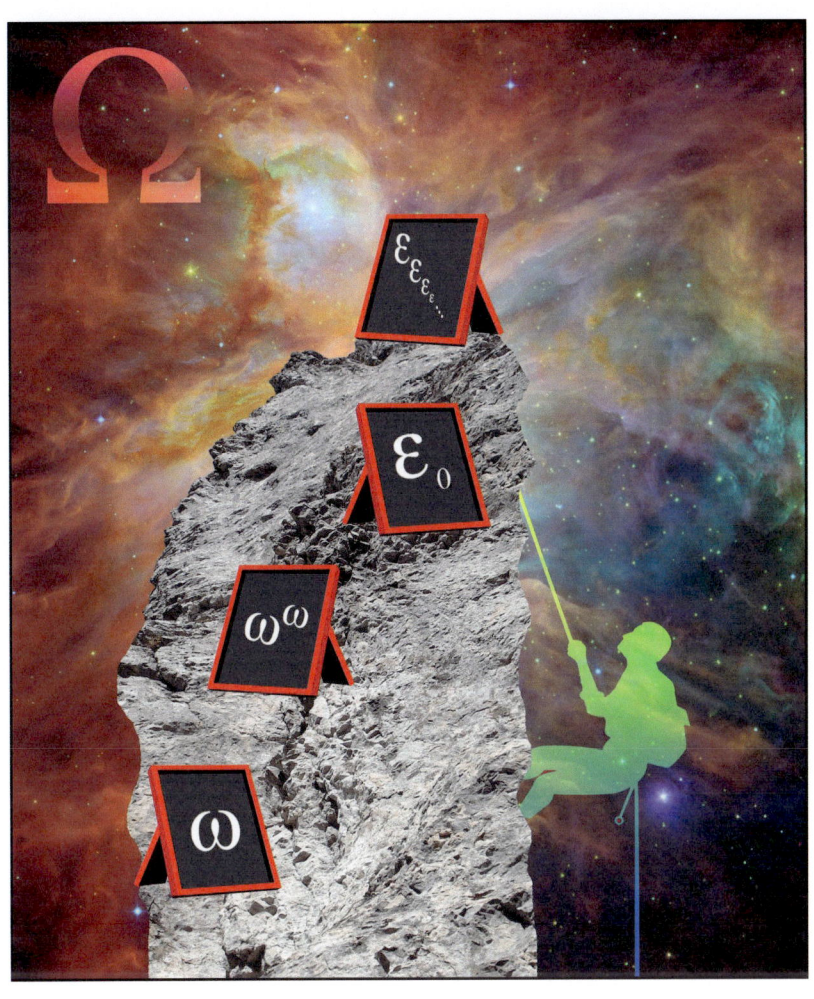

Stufenfolge der Ordinalzahlen

Zwischenspiel:
Hilberts Hotel und eine magische Kugel

Damals studierte er Mathematik; aber später ist er ein Dichter geworden. Zur Mathematiker hatte er nicht genug Phantasie.

David Hilbert

In Büchern über das aktual Unendliche wird oft das Beispiel von Hilberts Hotel genommen, um zu zeigen, was im Unendlichen alles möglich ist. *David Hilbert* (1862 - 1943) war ein glühender Verehrer Cantors und dachte sich folgenden Vorgang zur Illustrierung von Cantors Ideen aus: Sein Hotel besteht aus ω Zimmern, von denen jedes nur eine Person fasst. (Denken Sie an japanische Hotels und ihre Schlafkojen.)

Eines Tages war das Hotel voll, bis auf den letzten Platz. Ein späteter Besucher begehrte dennoch Einlass, und der wurde ihm auch gewährt. Alle Besucher rückten um einen Platz nach rechts, also dorthin, wo sich das Hotel ins Unendliche erstreckt. So wurde das erste Zimmer frei, und unser später Gast konnte sich zur wohlverdienten Ruhe niederlegen.

Bloß, wie ist das wirklich gegangen? Etwa so:

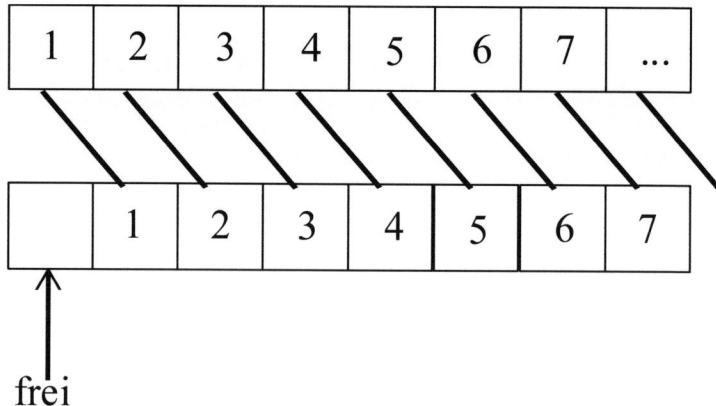

Alle Zimmerinsassen rückten um einen Platz nach rechts, aber *gleichzeitig*, weil in einem Zimmer nicht mehr als eine Person Platz hat. Aber wie soll dieses "gleichzeitig" vor sich gehen? Einer muss den Befehl geben, doch der muss sich unendlich schnell ausbreiten, was nicht möglich ist, nicht mal in der Mathematik. Also haben sich die Mathematiker die Erlaubnis für einen unendlich schnellen, gleichzeitigen Wechsel selbst gegeben. Das Ganze nannten sie **Auswahlaxiom** (zuerst formuliert von *Ernst Zermelo*), weil es jeden Mathematiker befähigen soll, aus unendlich vielen Mengen *gleichzeitig* mindestens ein Element auszuwählen.

Was dadurch möglich wurde, brachte die Mathematik ziemlich durcheinander und stieß auch vielen Mathematikern sauer auf. Denn durch das Verschieben haben wir ein Element dazu gewonnen, allein durch Umschichten, was ja nicht gerade eine kreative Tätigkeit ist. Wenn wir es geschickt anstellen, dann können wir links auch unendlich viele Gäste zusätzlich unterbringen - die Menge hätte sich also verdoppelt.

Die beiden polnischen Mathematiker *Stefan Banach* (1892 - 1945) und *Alfred Tarski* (1902 - 1983) konstruierten daraus ein kurioses Paradoxon, das nach ihnen benannt wurde. Sie zerlegten eine Kugel in fünf Teile. Einer davon ist nur ein Punkt (der Mittelpunkt), der Rest vier gleich große Mengen, also Viertelkugeln. Durch geschicktes Drehen werden immer mehr Punkte hinzugefügt, sodass zwei der Viertelkugeln zu Dreiviertelkugeln anwachsen. Das ergibt dann als Maß der Kugel: $2 \times \frac{3}{4} + 2 \times \frac{1}{4} = 8/4 = 2$. Die Kugel hat sich verdoppelt, aus eins mach zwei, wir waren dabei.

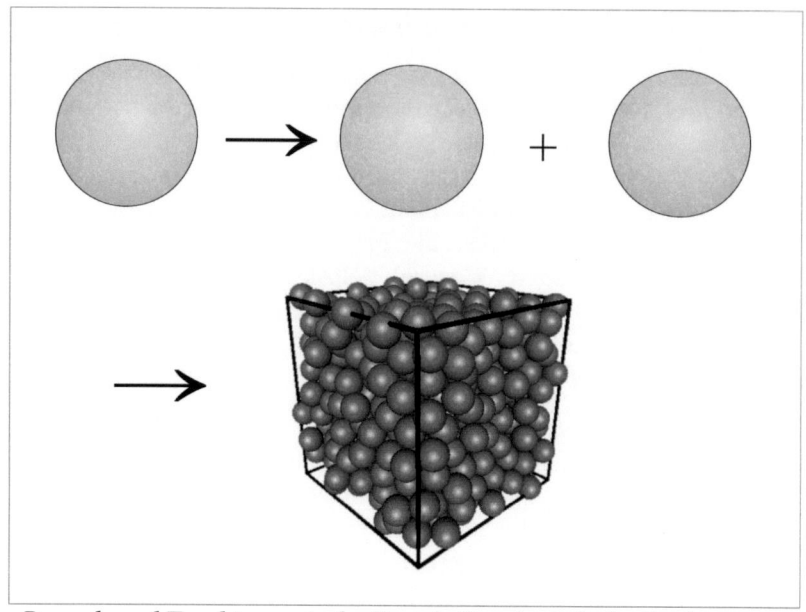

Banach und Tarskis magische Kugel: Durch einfache Drehungen verdoppelt sie sich erst, bis man sie beliebig vervielfachen kann - Mathematik oder Magie?

Angeblich haben sich *Banach* und *Tarski* die magische Kugel ausgedacht, um den Unsinn des Auswahlaxioms zu demonstrieren. Sollte das wirklich ihre Absicht gewesen sein, sie ist ihnen gründlich misslungen. Die Mathematiker - jedenfalls die Anhänger Cantors - sind stolz auf diese Erkenntnis, auch wenn aus ihr folgt, dass es Mengen gibt, die man nicht messen kann. Und mit denen ist natürlich alles Mögliche möglich, doch vieles davon bleibt unmöglich.

Das mathematische Zauberkunststück funktioniert nur, weil die entsprechenden Punktmengen nicht "messbar" im Sinne der Maßtheorie sind. *Henri Léon Lebesgue* (1875 - 1941) machte sich daran, Länge, Fläche und Inhalt ungewöhnlicher Figuren zu definieren, indem er die Maße der euklidischen Geometrie auf Punktmengen erweiterte. Schauen Sie sich beispielswiese die Kochsche Kurve an, eine typische fraktale Kurve, deren Seiten immer kleiner, aber auch immer zahlreicher werden:

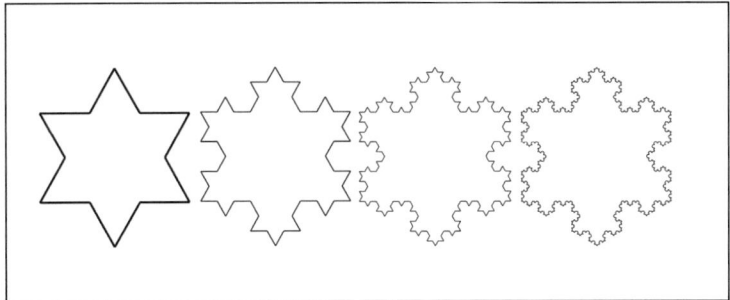

Welches "Maß" (von "Länge" kann man hier nicht mehr sprechen) haben nun die Spitzen der Seiten im Grenzfall? Die Seitenlänge kann man leicht berechnen, aber die Punkte zu zählen ist eine andere Sache.

Doch das Lebesguesche Maß ist nicht eindeutig und versagt in einem einfachen Fall, den wir jetzt zeigen werden. Es geht dabei um die Erweiterung des Hilbertschen Hotels. Hier wurde ja eine Zahl ganz am Anfang zugefügt, was die Mächtigkeit der Menge in keiner Weise beeinflusst. Auch wenn der Hotelbesitzer (abzählbar) unendlich viele Zimmer vorne anfügt, ändert sich nichts an der Mächtigkeit, also am Maß, der (immer noch abzählbaren) Menge; sie beträgt weiterhin $\aleph_0$. Erst wenn überabzählbar viele Punkte hinzugefügt werden, mutieren Hilberts Schlafkojen zu einem unübersichtlichen Brei ineinander geschachtelter ununterscheidbarer Schlafräume. Wie man das macht, geht etwa so:

Wir falten Hilberts Hotel auf den Umfang des Einheitskreises. Hilberts Hotel - also die ganzen Zahlen - werden als Punkte in den Kreisumfang eingebettet. Jetzt definieren wir einen Winkel α, der sich in 360° nicht ausgeht, also eine irrationale Zahl im Winkelmaß. Wir haben in unserer Illustration dafür die Zahl $20*\pi$ gewählt, also $\alpha = 62,83185307....°$. Nun wird der Nullpunkt (rechts) um den Winkel α linksherum gedreht; er geht in den Punkt "1" über. Das Ganze wird unendlich oft gemacht. Sobald $n \cdot \alpha$ größer als 360° wird, fängt der Punkt seine Reise erneut an, aber gegen den Ursprung verschoben (kleinerer Buchstabe, hier: 6), und beim nächsten Mal geht's in dieser Art weiter (noch kleinere Buchstabe, hier 12). Auf diese Weise kann der Kreisumfang aber nicht ausgeschöpft werden, denn es werden ja nur abzählbar viele Punkte erzeugt; jede Kurve besteht aber aus überabzählbar vielen Punkten. Damit wir uns diese Wörter ersparen, führen wir zwei Symbole ein: **n** soll die Mächtigkeit der Menge der ganzen Zahlen sein, also $\aleph_0$. **c** soll die Mächtigkeit des Kontinuums sein, also $2^{\aleph_0}$.

Die soeben angesprochene Punktmenge (mit **n** Punkten) wird in der Sprache der Mengenlehre so definiert:

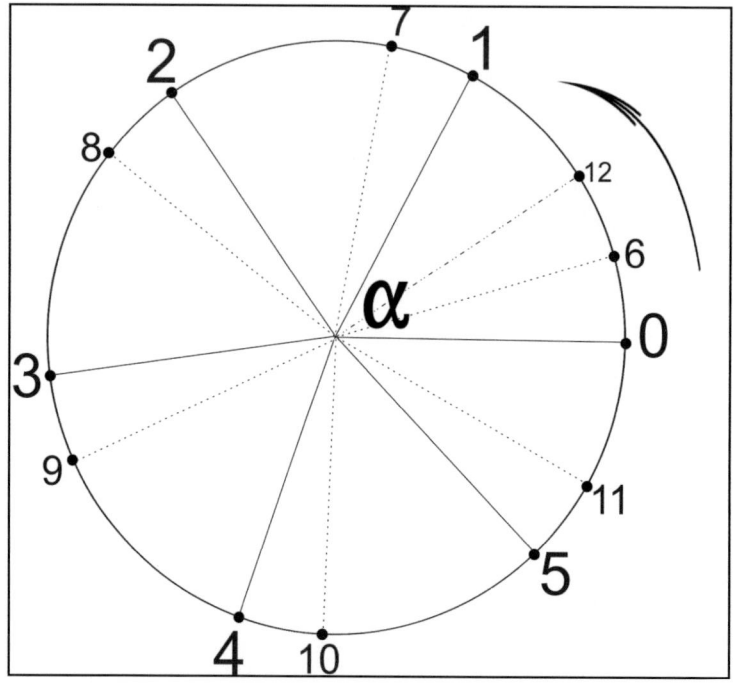

Fortgesetzte Drehungen um ein irrationales α schöpfen den Kreisumfang nicht aus.

$$D_\alpha := \{ \bigwedge_{n \in N} x : x = n\alpha - [n\alpha] \} \qquad \text{mit } |D_\alpha| = \mathbf{n}$$

Die geschweiften Klammern markieren, wie üblich, eine Menge, der Operator $\bigwedge$ bedeutet: für alle (manchmal auch als $\forall$ geschrieben), hier: für alle n aus dem Bereich der natürlichen Zahlen. Der Doppelpunkt bedeutet: x genügt der nachfolgenden Bedingung, und die eckigen Klam-

48

mern bezeichnen die "floor-"Funktion, also die nächstkleinere ganze Zahl. Die brauchen wir, weil wir die Punkte zyklisch am Kreis verteilen, und nicht auf einer Geraden. Die geraden Striche (|) bedeuten die Mächtigkeit der Menge, analog der sonstigen Bedeutung "Absolutwert".

Weil es überabzählbar viele irrationale Zahlen und damit α gibt, haben wir jetzt auch c solcher Mengen D_α, jede mit der Mächtigkeit n. Nun kommt das Auswahlaxiom zum Zug. Es garantiert - per Dekret - dass wir aus beliebig vielen Mengen je ein Element (hier: einen Punkt) auswählen können. Das machen wir jetzt bei allen D_α, und erhalten so eine neue, überabzählbar mächtige Menge

$$C_0 := \{ \bigwedge_{n \in \mathbb{N}} P_n : P_n \in D_\alpha \}$$

Trotz der nun vorhandenen c Punkte haben wir den Kreisumfang noch immer nicht ausgeschöpft, da wir gar nicht wissen, welchen Punkt wir jeweils auswählten. Das Auswahlaxiom besagt ja nur, dass wir so etwas grundsätzlich können, nicht, wie wir es machen. Also geht die Mengenkonstruktion weiter. Wir drehen einfach die gesamte Menge C_0 unendlich mal um α, und erhalten so n neue Mengen der Mächtigkeit c:

$$C_k := \{ \bigwedge_{\substack{n \in \mathbb{N} \\ k \in \mathbb{N}}} P_n : P_n \in D_{k\alpha} \}$$

Diese C_k haben kein Element gemeinsam, sind überabzählbar mächtig und erfassen endlich den Kreisumfang vollständig. Das heißt, die Menge K der Punkte des Kreisumfangs ist gleich

$$K = \bigcup_0^\infty C_k$$

(die Vereinigungsmenge über alle C_k, also k=0 bis ∞)

Jetzt sind wir fast am Ende unserer unübersichtlichen Mengenkonstruktionen. Wir vergleichen nämlich jetzt Maße. Einerseits kennen wir das "Maß" des Kreisumfangs aus der Elementargeometrie. Sein Maß = sein Umfang beträgt bekanntlich 2π (bei einem Radius von 1). Andrerseits ist das Maß der Menge K nach Lebesgue die Summe der Maße der Teilmengen, aus denen er besteht. Das sind ∞ viele Mengen mit erst mal noch unbekannten Maß. Also ist auf jeden Fall

$$\text{Maß}(K) = \sum_{0}^{\infty} \text{Maß}(C_k) = \infty \cdot \text{Maß}(C_0)$$

Nun ist Maß(C_0) entweder gleich 0 (sehr unwahrscheinlich bei einer Menge, die aus überabzählbar vielen Punkten besteht), dann wäre Maß(K) = 0 oder irgendeine unbestimmte Zahl. Oder aber Maß(C_0) = irgendeine Zahl größer als 0, dann ist Maß(K) = ∞. Beide Male sind die Maße aber falsch, denn das wahre Maß ist gleich π!

Schlussfolgerung der Mathematiker: Die Menge K ist nicht messbar. Welche Mengen sonst nicht messbar sind, kann erst mal nicht gesagt werden. Es ist wie mit der Konstruktion von Mengen oder Axiomen: Ob in ihnen ein Widerspruch steckt, wissen wir vorher nicht. Und wenn wir's feststellen, verbieten wir einfach die Anwendung des Lebesgueschen Maßbegriffs bzw. die Konstruktion der Menge.

Die Kugeln des Banach-Tarski-Paradoxons werden von vornherein als nicht-messbar deklariert. Die Grenzen zwischen den Teilkugeln verschwimmen also, eine physikalische Teilung ist völlig ausgeschlossen. Die Kugeln, obwohl aus Blei gedacht, sind nur mathematischer Schwamm, wolkige Punktmengen, Gedankenschaum. Trotzdem dreht man sie geschickt so oft, bis auch sie genügend Punkte angesammelt haben, um ihren Punktinhalt zu verdoppeln. Frage: Wenn die Punktmengen der Kugeln, also deren Volumina, nicht messbar sind, woher wissen wir dann, dass die eine Kugel doppelt so groß ist wie die andere?

Von ω zu ∞
("Von klein-omega zu unendlich")
Surreale Zahlen

Das schematische Operieren mit Figuren ist jedem geläufig.
Zum Beispiel werden beim Bau einer Mauer die Ziegelsteine
nach einem Schema aufeinandergelegt. Beim Stricken wer-
den die Maschen schematisch hergestellt und verknüpft.
Paul Lorenzen, Vertreter einer konstruktiven Mathematik

In der Sciencefiction-Erzählung "Das Gewölbe des Ungeheuers"
von *A. E. van Vogt* muss der Held, "der beste Mathematiker der
Erde", die größte Primzahl finden, um das Ungeheuer aus seinem
Gewölbe befreien zu können. Natürlich weiß van Vogts Held das
Gleiche wie wir alle: Es gibt keine größte Primzahl. Also muss
diese Zahl unendlich sein. (Frage nebenbei: Ist ω eine Primzahl?
Oder ungerade? Oder gerade?)

Um das Primzahlenschloss knacken zu können, muss seine Energie
um 1 verringert werden. In unsere Sprache übersetzt: Wir müssen
die Zahl ω-1 konstruieren. Und die gibt es bekanntlich nicht.

Oder doch?

1970 dachte sich der Mathematiker *James Horton Conway* (*1937)
ein Computerspiel aus, das sich virusartig über alle Computer ver-
breitet: das "Game of Life", das Lebensspiel. Mit drei sehr einfachen Regeln ordneten sich chaotisch verteilte Zellen zu überraschend symmetrischen und harmonischen Mustern. Zur gleichen
Zeit machte sich Conway Gedanken über einen universalen Kon-
struktor - und heraus kamen die **surrealen Zahlen**. Sie werden
konstruiert wie Cantors Ordinalzahlen (aber auf andere Weise),
doch sind sie reichhaltiger als alles, was sich Mathematiker bisher
ausdachten. Nicht nur die reellen Zahlen sind in ihnen enthalten,
auch die hyperreellen Zahlen (die "Infinitesimale" der Analysis)
und vieles mehr. Schauen wir uns Conways geniale Konstrukti-
onsmethode etwas näher an!

Ausgangspunkt zur Konstruktion von Zahlen sind nicht unendliche Summen oder Folgen wie bei Cauchy und Cantor, sondern sogenannte *Intervallschachtelungen*, die sich Cantors Zeitgenosse *Richard Dedekind* (1831 - 1916) ausgedacht hat. Eine Zahl steckt zwischen zwei Zahlen, und die Grenzpunkte dieses Intervalls rücken immer näher aneinander, bis sie (nach unendlich vielen Schritten) die gesuchte Zahl eingeschlossen haben. Auf diese Weise bestimmte *Archimedes* vor zwei Jahrtausenden den Wert von π, indem er einen Kreis zwischen regelmäßigen Vielecken "schachtelte" (solche Vielecke dem Kreis um- und einschrieb).

Conway verwendet also zur Definition zwei Mengen, eine linke und eine rechte, durch den senkrechten Strich (|) voneinander getrennt. Manchmal ist auch nur *eine* Menge da. In diesem Fall ist die gesuchte Zahl die nächste Zahl danach (Nachfolger) oder davor (Vorgänger). Das sieht dann so aus (die geschweiften Klammern sind Mengenklammern):

$$\{0|\} = 1, \{|0\} = -1$$

Stehen links und rechts nicht einzelne Zahlen, sondern Zahlenfolgen, dann können diese manchmal vereinfacht werden. In der linken Menge können alle Glieder bis auf das größte (so vorhanden) weggelassen werden. In der rechten Menge können alle Glieder bis auf das kleinste (so vorhanden) weggelassen werden. Also gilt:

$$(1,2,3 \mid 4,5,6) = (3 \mid 4)$$

Ferner ist die Zahl dazwischen immer der Mittelwert der beiden äußeren Zahlen, sodass man immer nur Vielfache von ½ erhält:

$$(0 \mid 1) = \frac{1}{2}, (0 \mid \frac{1}{2}) = \frac{1}{4}$$

Wir kommen nie auf 1/3! Um also andere Bruchzahlen zu erhalten, muss Conway unendliche Schachtelungen vornehmen, wobei die bekannte Formel hilft:

$$1 + x^2 + x^3 + \ldots = 1/(1-x)$$

Um sich beispielsweise der Zahl 1/3 anzunähern, braucht man *zwei* unendliche Reihen. Die eine - leicht zu konstruierende - schafft es "von unten" und nähert sich vom Punkt ¼ der gewünschten Zahl. Die andere - kompliziertere - Reihe geht vom Punkt ½ aus und nähert sich von oben der gewünschten Zahl:

$$\overline{\quad\quad\quad\quad 1/4 \overset{1/3}{\nearrow} S^+ \quad\quad\quad\quad\quad S^- \overset{}{\searrow} 1/2 \quad\quad}$$

Ausgangspunkt ist die unendliche Reihe

$$S^+ = 1 + x + x^2 + x^3 + \ldots = 1/(1-x) \quad \text{mit } |x|<1, \text{ oder}$$
$$S^{+'} = S^+ - 1 = x + x^2 + x^3 + \ldots = x/(1-x)$$

Ersetzt man x durch -x, dann ergibt sich:

$$S^- = 1 - x + x^2 - x^3 \pm \ldots = 1/(1+x)$$

S^+ nähert sich von einer Seite dem Grenzwert an, aber S^- ist alternierend, was uns hier nichts nützt. Deswegen brauchen wir ein $S^{-'}$. Nun gilt:
$$S^+(1/4) = 4/3, \text{ oder mit } S^{+'} = S^+ - 1: \quad S^{+'}(1/4) = 1/3$$
Die Reihe nähert sich von links dem Grenzwert an.

und $\quad S^-(1/2) = 2/3$
Jetzt definieren wir $\quad\quad S^{-'} = S^-(1/2) - S^{+'}(1/4)$:

$$S^{-'} = 1 - \tfrac{1}{2} + \tfrac{1}{4} - 1/8 \pm \ldots - \tfrac{1}{4} - 1/16 - 1/64 - \ldots = \tfrac{1}{2} - 1/8 - 1/32 - \ldots,$$
also
$$S^{-'} = \tfrac{1}{2} - \sum 1/2^{2n-1} \ (n=2 \text{ bis } \infty). \text{ Grenzwert: } S^{-'} = 2/3 - 1/3 = 1/3.$$

Die Reihe nähert sich von rechts dem Grenzwert an. Also hat 1/3 die komplizierte Definition

$1/3 = (1/4, 1/4+(1/4)^2, 1/4+(1/4)^2+(1/4)^3, ... \mid 1/2, \frac{1}{2}-1/2^3, \frac{1}{2}-1/2^3-1/2^5, ...)$

So setzt Conway also schon einiges voraus: Den Mengenbegriff, die "nächste einfache" Zahl, unendliche Schachtelungen - alles Konzepte, die Cantor für seine Ordinalzahlen erst mal nicht brauchte. Dafür gehen die surrealen Zahlen auch viel weiter.

Interessant sind natürlich Zahlen, die ins Unendliche führen. So gilt natürlich

$$\{0, 1, 2, ...\mid\} = \omega \qquad \text{und}$$

$$\{0, 1, 2, ...,\omega\mid\} = \omega+1$$

Aber weil Conways Definitionen zeitlich gestaffelt sind - manche Zahlen können erst dann erschaffen werden, wenn andere vorher erschaffen wurden - sind auch gänzlich neue und überraschende Zahlen möglich. Angenommen, ω ist schon erzeugt. Dann hat auch diese Definition Sinn:

$$\{0, 1, 2, ...\mid\omega\} = \omega-1$$

Das Ungeheuer kann aus seinem Gefängnis befreit werden!

Zur größten Zahl ω kann man auch eine kleinste Zahl ι ("iota") definieren:

$$\iota := (0 \mid 1, 1/2, 1/4, 1/8, ...) = 1/\omega$$

Das ist eine Zahl zwischen 0 und der kleinsten Zahl >0, passenderweise als Reziprokwert von ω bezeichnet. Wenn es diese Zahl gibt, kann man natürlich weiter machen:

$$(\iota \mid 1, 1/2, 1/4, 1/8, ...) = \iota/2 = 1/2\omega$$

Wir sind also schon im Bereich der hyperreellen Zahlen, d.h., wir definieren Infinitesimale. Conway fand auch exakte (aber komplizierte) Definitionen für die arithmetischen Grundrechenarten. Nur mit dem Differenzieren und Integrieren gibt's Probleme, weil ein-

fach zu viele Zahlen vorhanden sind. Und gerade diese beiden Rechenoperationen sind des Physikers täglich Brot!
Weitere interessante Beispiele ergeben sich, wenn die linke und die rechte Seite unendlich viele Zahlen enthält. Beispiel:

$$(0,1,2,3,... \mid \omega, \omega-1, \omega-2, \omega-3,...)$$

Grafisch sieht das so aus:

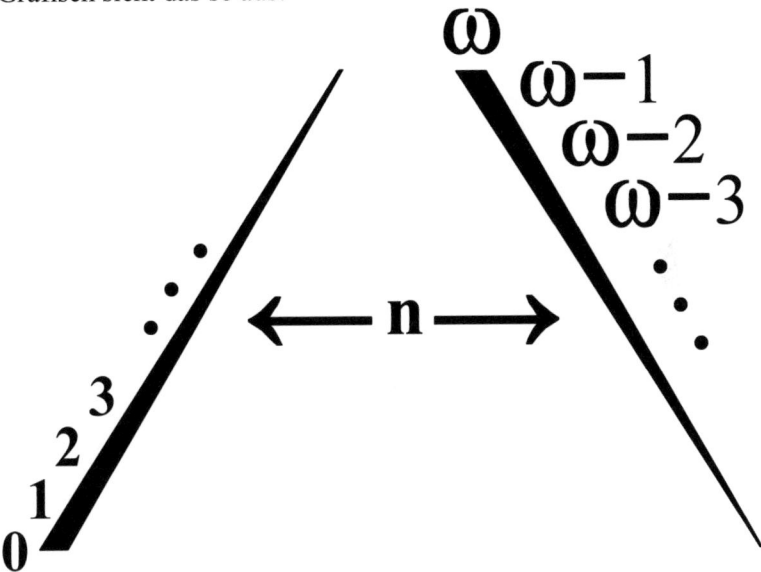

Diese Zahl kann man symbolisch so darstellen:

$$(\{n\} \mid \{\omega-n\})$$

Die beiden Reihen treffen sich bei *n*, wenn gilt:
$$n = \omega-n, \text{ oder } n = \omega/2$$

Noch interessanter ist folgende Reihe:

$$(1,2,3,... \mid \omega/1, \omega/2, \omega/3,...), \qquad \text{oder symbolisch:}$$

$(\{n\} \mid \{\omega/n\})$

Auflösung dieser Gleichung liefert n= ω/n, oder n = √ω.
Ähnlich kann man mit ι verfahren, und erhält:

$\sqrt{\iota}$ = (ι, 2ι, 3ι, ... $\mid$ 1, 1/2,1/3,...)
Aber bei der Wurzel aus einer *endlichen* Zahl, z.B. aus 2, klappt die Sache nicht. Denn es muss dann gelten:

$\sqrt{2}$ = ($\{2/n\} \mid \{n\}$), aber jetzt ist die linke Menge nicht immer kleiner als die rechte! Ausführlich wäre dies:

(2,1,2/3,2/4,2/5,... $\mid$ 1,2,3,...)

Eine andere Definition wäre: $\sqrt{2}$ = ($\{1/n\} \mid \{n/2\}$) =

(1,1/2,1/3,1/4,... $\mid$ 1/2,1, 3/2,2,5/2,...)

Die korrekte Definition müsste lauten:

$\sqrt{2}$ = ($\{(p/q)^2<2\} \mid \{(p/q)^2>2\}$) =
(1,1,1 1/4, 1 3/8, 1 6/16, 1 13/32, ... $\mid$ 2, 1 1/2, 1 1/2, 1 1/2, 1 7/16, 1 14/32, ...)

Obwohl Conway mit seinen Zahlen Bereiche erfasste, die anderen verschlossen blieben, musste auch er Grenzen anerkennen, die er *Lücken* nannte. Conway benannte zwei solcher Lücken (die weder Zahlen noch Mengen noch Klassen noch sonst irgendein sinnvoller Begriff sind, sondern schlichtweg "verbotene Bereiche"):

(1) Die "Lücke" (eigentlich: die nebelhafte Leere) am Ende der Zahlengeraden, also im Bereich der größten Zahl(en). Wir haben die größte Zahl (die es nicht geben kann) früher mit Ω bezeichnet, und das tut auch Conway.

(2) Die Lücke zwischen der größten *ganzen* Zahl <ω und der größten *reellen* Zahl <ω. Conway wählte für diesen Nebelbereich ein bekanntes Symbol: die liegende Acht (∞). Die Zahl liegt zwischen ω-1 und ω, kann aber durch keine Intervallschachtelung erfasst werden.

Jetzt können auch noch die Reziprokwerte definiert werden:

(1a) ist die Lücke zwischen allen denkbaren (kleinen) Zahlen und $1/\Omega$.

(2a) ist die Lücke zwischen der kleinsten hyperreellen (infinitesimalen) Zahl und 1/∞.

Unanschaulich? Das finden wir auch, drum haben wir versucht, das Ganze darzustellen. Das sieht dann (sicher nicht ganz zutreffend) so aus:

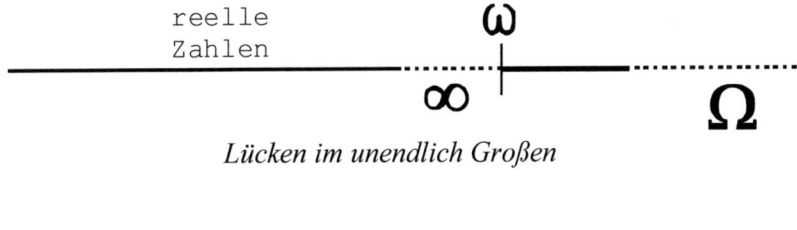

Lücken im unendlich Großen

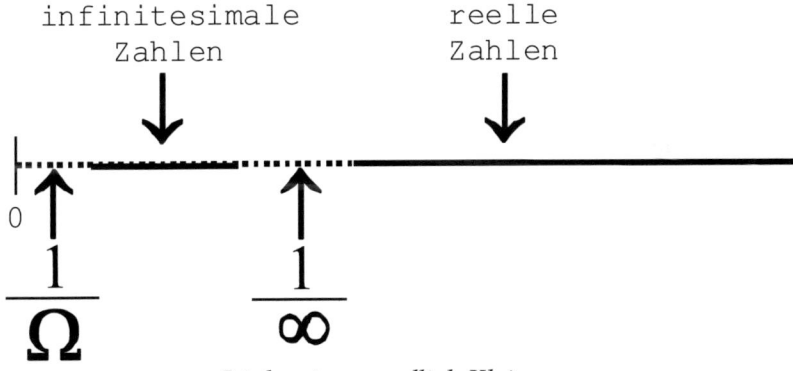

Lücken im unendlich Kleinen

Mit seinen Definitionen gelang Conway eine geradezu magische Formel, welche die drei von ihm definierten Unendlichkeiten in einer Beziehung zusammenfasst:

$$\sqrt[\Omega]{\omega} = \infty$$

Warum sind seine Zahlen nicht bekannter, warum fungiert seine Formel nicht unter den "zehn schönsten Formeln"? Conways spielerischer Geist passte wohl nicht zur offiziellen Mathematik. Darum beschäftigen sich die Mathematiker immer noch mit unendlich großen (und ziemlich sinnlosen) Kardinalzahlen, statt die hübschen konstruktiven Spiele des originellen Mathematikers weiter auszubauen.

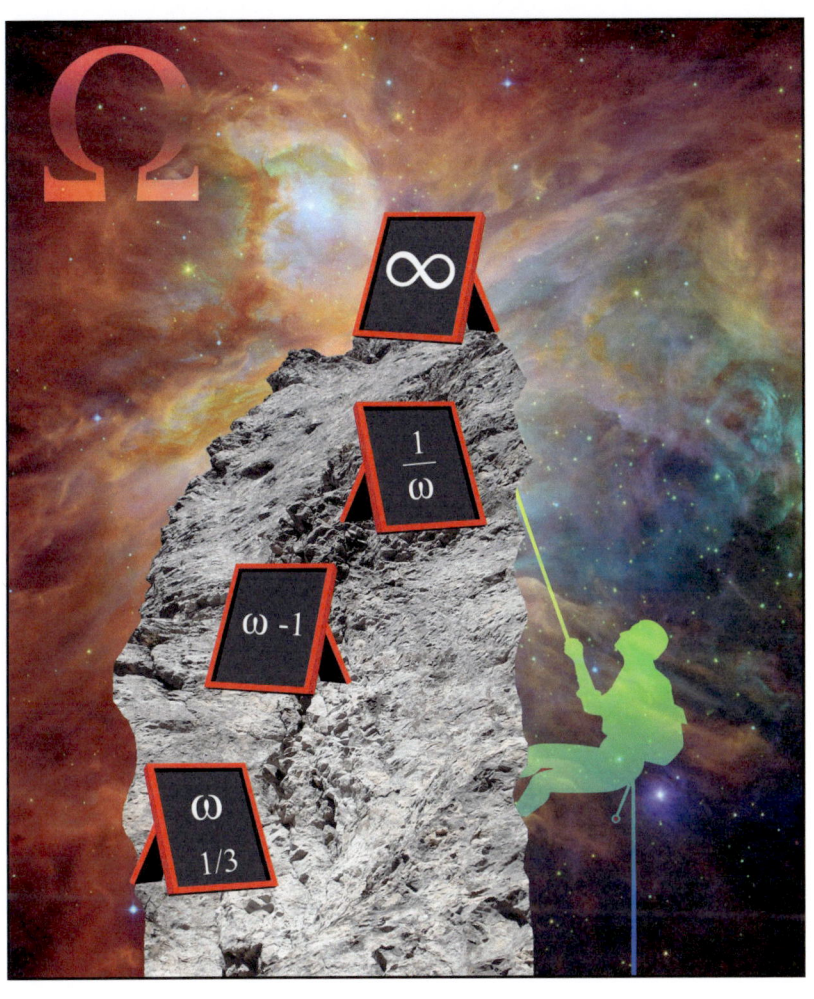

Stufenfolge der surrealen Zahlen

Zwischenspiel: Das OMEGA
frei nach dem Gedicht "Jabberwocky"
von Lewis Carroll

's war transfinit und Erdös-Zahlen
perrotmutierten ganz banal;
die alephs, ungezählt in Schalen
verstiegen sich ins Theta-Tal.

"Hab Acht vorm OMEGA, mein Kind!
Es ist das größte Schwarze Loch.
Und merke dir auch dieses noch:
Es schluckt gar alles, sehr geschwind."

Er zückt den Cantorstift voll Stolz
zerpflückt die Mengen, ungezählt
hat sich jetzt eine ausgewählt
stopft sie mit surrealem Holz.

Da saugt das OMEGA wie Laub
die ungezählten Mengen an
und keine widerstehen kann
zermalmt alle zu Cantorstaub.

Er bettet OMEGA elementar
widerspruchsvoll zuletzt sogar
versucht vergeblich, es zu fesseln
mit Ultrafiltern einzukesseln.

Er glaubt den Sieg schon in der Hand
da fällt die Leiter er zurück
bleibt schließlich hängen, so ein Glück
am Banach-Tarski-Kugelrand.

Vermehrt die Punkte ohne Zahl
bis er das Universum füllt
hat sich in Wolken eingehüllt
und schüttelt alle kofinal.

Das OMEGA am Weltenrand
belächelt milde diese Tat
weil es das hat, was er nicht hat:
die ganze Welt, ganz ohne Rand.

's war transfinit und Erdös-Zahlen
perrotmutierten ganz banal;
die alephs, ungezählt in Schalen
verstiegen sich ins Theta-Tal.

Von ω zu $\aleph_0$
("Von klein-omega zu aleph-null")

Alles, was sich Sprache nennt, ist ein Alphabet aus symbolischen Zeichen, deren Verwendung die Teilnahme der Sprechenden an einer Vergangenheit voraussetzt; wie aber soll man anderen das unendliche Aleph mitteilen, wenn es meine schaudernde Erinnerung kaum zu fassen vermag?
Jorge Luis Borges: Das Aleph

Bis jetzt haben wir nur *gezählt*; jetzt wollen wir auch *messen* oder *wiegen*. Dazu fassen wir Elemente zu einer Menge zusammen, was wir durch die geschweiften Klammern andeuten:

$M = \{a, b, c ...\}$

Wir wollen wissen: Wie groß ist diese Menge? Wieviel "wiegt" sie? Die Größe einer Menge bezeichnet man auch als ihre *Mächtigkeit* und kennzeichnet sie durch zwei Striche:

$|M|$ = Mächtigkeit der Menge M

$|M|$ ist eine Zahl, aber weil sie diesmal keine Ordnung, keine Reihenfolge bezeichnet, sondern eben eine "Mächtigkeit", wird sie **Kardinalzahl** genannt. Sie wissen ja: Ein Kardinal ist etwas Mächtiges, jedenfalls in der katholischen Kirche, nicht unter den Schmetterlingen oder Vögeln.

Wie bestimmt man die Mächtigkeit einer Menge? Im Endlichen ist die Sache einfach. Schauen wir uns diese Mengen an:

$M_1 = \{1,2,3,4,5\}$
$M_2 = \{0,1,2,3,4\}$
$M_3 = \{4,1,3,5,2\}$
$M_4 = \{$Abraham, Berta, Cäsar, Doris, Ernst$\}$
$M_5 = \{\omega,\omega+1,\omega+2,\omega+3,\varepsilon_0\}$

Wie groß sind sie? Offenbar alle gleich; sie haben die Mächtigkeit "5". Und wie haben wir das herausbekommen? Indem wir jede Menge den natürlichen Zahlen (in natürlicher Reihenfolge) zuordnen. Wir bilden also Paare zwischen den Elementen der Menge (dessen Größe bestimmt werden soll) und den natürlichen Zahlen, beginnend mit "1".

Bei M_1 ist es klar. M_2 wird schon schwieriger: Die Zahlen sind in natürlicher Reihenfolge, beginnen aber bei 0. Also aufgepasst: Die letzte Zahl zeigt in diesem Fall *nicht* die Mächtigkeit der Menge! M_3 ist das Gleiche wie M_1, aber die Elemente sind vertauscht. Was uns einen wichtigen Hinweis auf Kardinalzahlen gibt:

Bei Mengen kommt es auf die Reihenfolge der Elemente nicht an.

M_4 besteht aus Namen, die man den natürlichen Zahlen zuordnen kann. Denn auf die *Art* der Elemente kommt es erst recht nicht an: Jedes Element hat das gleiche Gewicht, nämlich 1, unabhängig davon, was es sonst bedeutet. Diese Erkenntnis hilft uns beim Verständnis von M_5, denn sie besteht aus lauter unendlichen Zahlen. Heißt das nicht, dass auch ihre Mächtigkeit unendlich ist? Keineswegs, denn eine Zahl wie ω ist nicht etwa *unendlich groß*, sie ist nur *unendlich weit* von uns entfernt. Doch als individuelle Zahl hat sie das gleiche Gewicht wie 1 oder 17 oder irgendeine andere, durch Zählen erzeugte Zahl.

Die Paarbildung als Mittel des Zählens funktioniert sogar dann, wenn wir gar nicht zählen können. Stellen wir uns vor, zwei Massai-Männer wollen herausfinden, wer die größere Herde besitzt. (Rinderherden erhöhen den Status bei den Massai.) Jede Herde enthält Dutzende von Rindern - so weit kann niemand zählen. Dennoch ist es ganz leicht heraus zu finden, wer von den beiden die größere Herde besitzt. Die Herden werden eingesperrt und einzeln durch ein Gatter gelassen, jeweils ein Rind von der einen und ein Rind von der anderen Herde. Wenn am Ende kein Rind übrig bleibt, dann sind die Herden gleich groß; ansonsten ist eine größer als die andere.

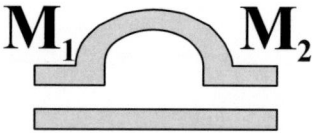

Wie man das Gewicht von Mengen (ihre Mächtigkeit) bestimmt: Man vergleicht sie mit einer bereits bekannten Menge. Je nachdem, ob die Waage im Gleichgewicht bleibt oder nach einer Seite ausschlägt, ist die zu wiegende Menge gleich, größer oder kleiner als die Vergleichsmenge.

Genauso machen es die Mathematiker. Sie vergleichen unbekannte Mengen mit bekannten, und das ist im Unendlichen die Menge aller natürlichen Zahlen, also die Mächtigkeit von

$$\mathbb{N} = \{1,2,3,...\}$$

Sie ist die wichtigste Vergleichsmenge im Unendlichen. Jetzt brauchen wir noch einen Namen für $|\mathbb{N}|$. Den hat sich ebenfalls *Cantor* ausgedacht, und in weiser Voraussicht fing er jetzt wieder von vorne an, mit dem ersten Buchstaben des hebräischen Alphabets: $\aleph$ ("aleph"), genauer gesagt: $\aleph_0$.

Aleph ist zwar der erste Buchstabe des phönizischen und des hebräischen Alphabets (und wurde später von den Griechen als "alpha" übernommen), es ist aber kein Vokal, sondern ein Knacklaut. Im Hebräischen hat es den Zahlenwert 1 und ist Bestandteil von Adam (verwandt mit "adamah" = Erde) und Abraham ("Vater der Menge"). Auch in der Kabbala, der jüdischen mittelalterlichen Geheimlehre, spielt das aleph eine Rolle als Beginn einer Reise zu "En Soph", dem durch kein Wissen erreichbaren Unendlichen, letztlich also zu Gott. Das En Soph ist wie ein Lichtstrahl von unendlicher Helligkeit, der sich der Unendlichkeit entgegen krümmt. Dort, wo das Licht auf den Raum trifft, zieht sich dieser zusammen und bildet die zehn Kreise des kabbalistischen Baums "Sephirot". Da sich *Cantor* viel mit theologischen Spekulationen und jüdischer Mystik beschäftigte, waren ihm diese Zusammenhänge zweifellos bekannt.

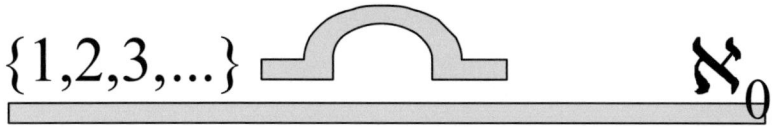

$\{1,2,3,...\}$ $\aleph_0$

Das "Gewicht" (die Mächtigkeit) von $\mathbb{N}$, der Menge der natürlichen Zahlen, beträgt $\aleph_0$.

Rechnen mit $\aleph_0$

Die Arithmetik unendlicher Kardinalzahlen ist wieder völlig anders als die unendlicher Ordinalzahlen. Bei den Ordinalzahlen stellten wir uns einfach vor, wie wir Stäbchen legen. Bei den Kardinalzahlen müssen wir immer in Mengen denken und dabei beachten, dass es auf die Reihenfolge von Stäbchen nicht ankommt. Also bedeutet ein Ausdruck wie

$\aleph_0 + 1$

dass wir zu der Menge $\mathbb{N}$ ein Stäbchen hinzufügen. Auf der rechten Seite ist das nicht möglich, also müssen wir es links tun, und so entsteht die Menge

$\mathbb{N}' = \{\mathbf{1},1,2,3,...\}$

und deren Mächtigkeit ist natürlich genauso $\aleph_0$ wie die von $\mathbb{N}$. Also gilt:

$\aleph_0 + 1 = \aleph_0$

Da die Reihenfolge der Element bei Mengen egal ist, gilt natürlich auch

$1 + \aleph_0 = \aleph_0$

Das kommutative Gesetz ist hier erfüllt, aber mit "Stäbchen hinzufügen" kommen wir nicht weiter. Wir können sogar unendlich viele Element hinzufügen, am "Gewicht" der Menge ändert sich nichts, denn $\aleph_0 + \aleph_0$ entspricht der Menge $\{1,1,2,2,3,3,...\}$, und deren Mächtigkeit ist genauso $\aleph_0$. Weil aber $\aleph_0 + \aleph_0 = 2 \times$ $\aleph_0$, bringt auch die Multiplikation uns nicht weiter. Sogar $\aleph_0 \times \aleph_0$ $= \aleph_0$, wie das Abzählen der rationalen Zahlen zeigt (siehe "Zwischenspiel: Wieviele Zahlen liegen zwischen 0 und 1?"). Wie kommen wir dann zu höheren Mächtigkeiten?

Zusammenfassung

Bei Mengen kommt es auf die Reihenfolge der Elemente nicht an. Außerdem zählt jedes Element gleich viel, also auch unendliche Zahlen wie ω oder ε_0. Die erste unendlich große Kardinalzahl ist $\aleph_0$, das ist die Mächtigkeit der Menge der natürlichen Zahlen, also

$$\aleph_0 = |\mathbb{N}| = |\{1,2,3,...\}|$$

Durch Addieren und Multiplizieren kommt man über $\aleph_0$ nicht hinaus durch Exponentiation aber schon, wie wir demnächst zeigen werden.

Rechenoperation	Ordinalzahlen	Kardinalzahlen
Nachfolger	$\omega+1$	$\aleph_0 + 1 = \aleph_0$
Addition	$\omega+\omega=2\omega$	$\aleph_0 + \aleph_0 = \aleph_0$
Multiplikation	$\omega\cdot\omega = \omega^2$	$\aleph_0 * \aleph_0 = \aleph_0$
Exponentiation	$2^\omega = \omega$	$2^{\aleph_0} = C >> \aleph_0$

Zwischenspiel:
Wieviele Zahlen gibt es zwischen 0 und 1?

Das Studium des Unendlichen ist weit mehr als ein trockenes akademisches Spiel. Die geistige Erforschung des absolut Unendlichen ist eine Form der Seelensuche nach Gott. Ob das Ziel je erreicht wird oder nicht, das Bewusstsein dieses Wegs bringt Erleuchtung.
Rudy Rucker: Infinity and the Mind

Es ist leicht zu zeigen, dass es "gleich viele" ganze Zahlen, gerade Zahlen, Quadratzahlen, Primzahlen, usw. gibt: Wir bilden Paare zwischen den ganzen Zahlen (unsere Vergleichsmenge) und den Zahlen, die wir zu einer Menge zusammenfassen. Beispiel Primzahlen:

M_1 (Vergleichsmenge):   1 2 3 4 5 6 7 ...

M_2 (zu messende Menge): 2 3 5 7 11 13 17 ...

Die drei Punkte zeigen, dass beide Mengen ins Unendliche fortgesetzt werden können und deswegen also gleich viele Elemente enthalten, auch wenn die untere Menge eine echte Teilmenge der oberen Menge darstellt. Also gilt beispielsweise:

Mächtigkeit(Menge der Primzahlen) = $\aleph_0$, und das gilt für alle Mengen natürlicher Zahlen, die unendlich viel davon enthalten.

Aber wie viele Bruchzahlen gibt es? Die alten Griechen nannten sie "rationale Zahlen", weil sie Zahlen nur als Brüche darstellen konnten und die unendliche Dezimalbruchentwicklung nicht kannten. Bruchzahlen gibt es unendlich viele allein zwischen 0 und 1, und dann erst recht zwischen 0 und unendlich. Bruchzahlen liegen "dicht", was bedeutet, dass man zu beliebig benachbarten Bruchzahlen immer noch eine (und damit unendlich viele) findet.

Ihre Anzahl, also, korrekt: die Mächtigkeit der Menge der Bruchzahlen zwischen 0 und 1, sollte demgemäß größer sein als die der ganzen Zahlen. Ist sie aber nicht, wie *Cantor* zur eigenen Überraschung feststellte. Denn er konnte die Brüche eindeutig den ganzen Zahlen zuordnen - und damit ist ihre Mächtigkeit gleich der Mächtigkeit der ganzen Zahlen, also gleich $\aleph_0$. Wie hat er das gemacht? Etwa so:

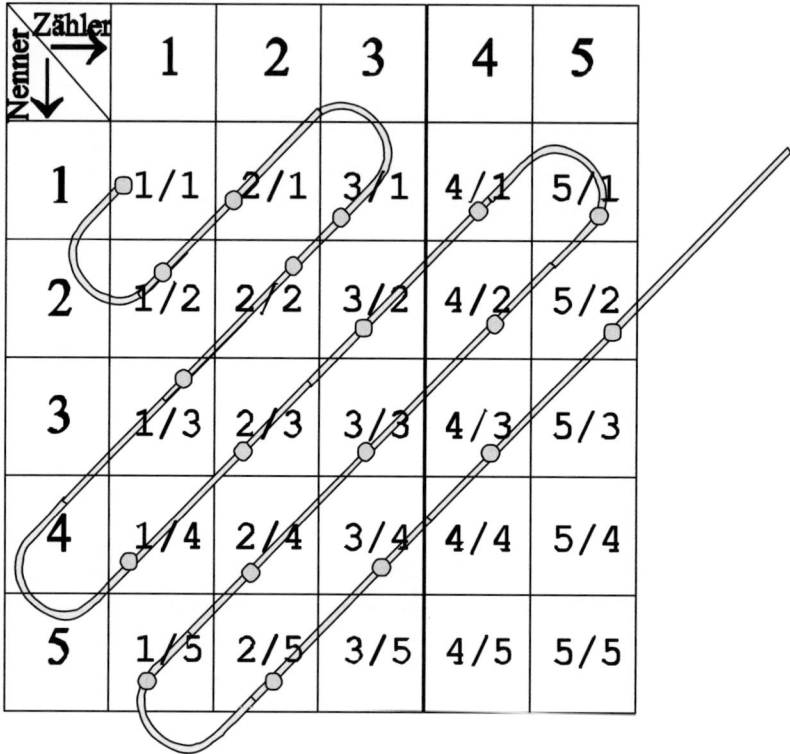

Cantor bastelte sich ein zweidimensionales Schema, eine Matrix, und fädelte die Brüche auf wie in den Frühzeiten der Datenverarbeitung die Kernspeicher aufgebaut waren: Ein Faden (der Abzählfaden) durchläuft alle Felder der Matrix, mithin alle Bruchzahlen.

Stören Sie sich nicht daran, dass viele Zahlen doppelt vorkommen oder gar nicht erfasst werden sollen. Die oberste Reihe ist zum Großteil überflüssig, weil sie nur ganze Zahlen betrifft, und wir brauchen davon aber nur die 1 (wir betrachten ja nur die Bruchzahlen zwischen 0 und 1). In der Hauptdiagonale steht außerdem immer die gleiche Zahl, nämlich 1. Und viele Brüche wiederholen sich, beispielsweise 2/4. Das hatten wir schon als 1/2. Egal, was wir brauchen, haben wir erreicht: Jede Bruchzahl kommt in dieser Abzählung *mindestens* einmal vor. Und weil wir alles abzählen können, heißt eine solche Menge **abzählbar**. Die Mächtigkeit jeder abzählbaren Menge ist immer gleich $\aleph_0$.

Erstaunlich: Diese *dichte* Menge kann man nicht nur abzählen, man kann ihre Mitglieder auch in eine ganz bestimmte Reihenfolge bringen. Wir können zwar nicht sagen, welches die erste Bruchzahl rechts von der 0 ist (also die kleinste Bruchzahl > 0), wohl aber können wir sagen, welches die erste Bruchzahl nach der Cantorschen Aufzählung ist, nämlich 1.

Noch erstaunlicher: Cantor fand eine einfache Formel ("π"), mit deren Hilfe jedem Bruch (auch solchen > 1) eine eindeutige ganze Zahl zugeordnet werden kann:

$$\pi(a,b) = (a+b)(a+b+1)/2+a$$

Das ergibt dann folgendes Schema:

a／b	0	1	2	3	4	5
0	0	2	5	9	14	20
1	1	4	8	13	19	-
2	3	7	12	18	-	-
3	6	11	17	-	-	-
4	10	16	-	-	-	-
5	15	-	-	-	-	-

Neben einer dichten, aber abzählbaren Menge konstruierte Cantor auch das genaue Gegenteil: eine undichte ("magere"), aber überabzählbare Menge, den nach ihm benannten **Cantor-Staub**. Die Konstruktion dieses paradoxen Gebildes ist verbal ganz einfach: Man nehme aus der Einheitsgeraden (die 0 mit 1 verbindet) das mittlere Drittel heraus. Mit den jetzt erschaffenen zwei Geraden tut man das Gleiche - ad infinitum. Das sieht dann so aus:

Das Gebilde zerfasert im Limit zu einer Menge isolierter Punkte, und sogar seine Länge geht gegen 0, aber die Anzahl der Punkte bleibt immer gleich: Sie ist gleich der Mächtigkeit des Kontinuums. So grotesk und konstruiert das Ganze aussieht, Wissenschaftler fanden sogar Anwendungen dafür: Die Saturnringe ähneln ihm, ebenso die Spektren mancher organischer Moleküle.

So paradoxe Resultate kommen in der Theorie der transfiniten Zahlen ständig vor. Ein Hauptgrund dafür liegt darin, dass dabei versucht wird, *geometrische Gebilde* (eine Linie) durch *Zahlen* zu beschreiben. Jeder denkbaren Zahl soll ein Punkt entsprechen, was nicht weiter schwierig ist. Jedenfalls dann nicht, wenn es sich um eine Bruchzahl (eine "rationale" Zahl) handelt, denn die kann man einfach mit Zirkel und Lineal in eine Strecke verwandeln. Mit irrationalen oder transzendenten Zahlen wird das schon schwieriger. Wenn aber auch noch jedem Punkt eine Zahl entsprechen soll, dann ist das praktisch unmöglich: Woher weiß ich denn, wie der Punkt definiert ist? Das geht im Prinzip nur durch den Schnitt zweier Geraden, doch so etwas kommt in der Mengenlehre nicht vor.

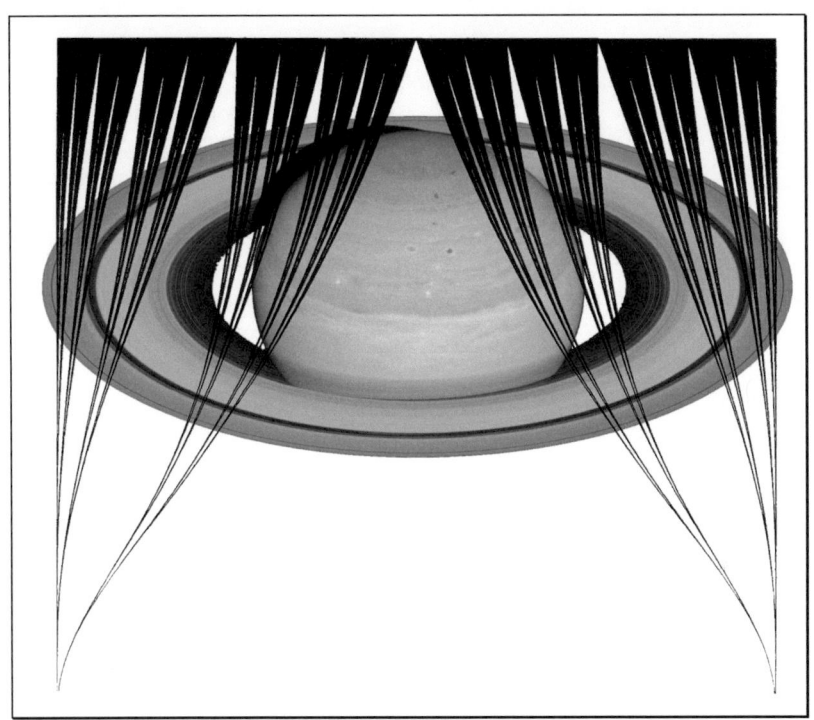

Saturnringe und Cantorstaub

Von $\aleph_0$ zu C
("Von aleph-null zu C")

Mathematik ist die einzige Wissenschaft wo man nie weiß, worüber man redet, noch ob das, worüber man redet, wahr ist.

Bertrand Russell

Kommen wir über $\aleph_0$ denn nie hinaus? Nun ja, wir haben noch nicht die Exponentiation. Aber was bedeutet beispielsweise $2^{\aleph_0}$? Um das zu begreifen, müssen wir wieder auf die Definition von Mengen zurückgreifen. Kombinatoriker wissen, dass der Ausdruck 2^n die Variation mit Wiederholung bedeutet, d.h. die Kombinationsmöglichkeiten von *n* Elementen zu beliebig großen Stücken der Länge 0 bis n. Schauen wir uns das an einem Beispiel an! Wir gehen aus von M = {1,2,3}. Und hier sind alle möglichen Untermengen:

0 Elemente: Θ (die leere Menge)	(1 Untermenge)
1 Element: {1},{2},{3}	(3 Untermengen)
2 Elemente: {1,2},{1,3},{2,3}	(3 Untermengen)
3 Elemente: {1,2,3}	(1 Untermenge)

Summe: 1 + 3 + 3 + 1 = 8 Untermengen. Nun ist aber $8 = 2^3$, also hier stimmt es. Allgemein kann man die Formel leicht beweisen. Es gibt sogar noch einen zweiten Beweis: "Alle Untermengen" heißt in der Kombinatorik: alle möglichen Kombinationen zu 0 Elementen, zu 1 Element, zu 2 Elementen, usw. Dafür gibt es den Binomialkoeffizienten, und es gilt die Formel:

$$\binom{n}{0} + \binom{n}{1} + \binom{n}{2} + \ldots \binom{n}{n} = 2^n$$

Mithin repräsentiert $2^{\aleph_0}$ die Menge aller Untermengen der natürlichen Zahlen. Eine solche Untermenge bezeichnet man auch als **Potenzmenge**, abgekürzt P($\mathbb{N}$) Aber wie groß ist diese Menge? Womöglich auch wieder nur abzählbar? Und was entspricht dieser Menge in der Realität?

Cantor fand heraus: Die Menge aller Untermenge entspricht den Zahlen (allen Zahlen, also den reellen Zahlen) auf der Zahlengeraden. Weil man dort jedes beliebige Intervall auf die ganze Zahlengerade abbilden kann, genügt es, das Intervall (0,1) zu betrachten. Wir müssen die Zahlen in diesem Intervall also so darstellen, dass man sie eindeutig den Untermengen von $\mathbb{N}$ zuweisen kann. Und das geht dadurch, dass wir nur zwei Ziffern verwenden, 0 und 1. Wir übersetzen also jede Zahl in das Dualsystem. Dann ist z.B.

$$0,1 = \frac{1}{2}; \ 0,11 = \frac{1}{2} + \frac{1}{4} = 0,75; \ \text{usw.}$$

Natürlich haben die meisten Zahlen unendlich viele Ziffern, genauso wie π und fast alle anderen Zahlen. Wo wir nur endlich viele Ziffern hinschreiben müssen (wie bei den beiden Beispielen), da ergänzen wir den Rest durch Nullen.

Jetzt machen wir aus einer *Zahl* eine *Menge*. Die Regel: Wenn an der n-ten Stelle hinter dem Komma eine 1 erscheint, wähle die n-te Zahl aus der Menge der natürlichen Zahlen. Bei einer 0 tue nichts. Beispiel:

Die Zahl   0,0 1 0 0 1 0 1 1 1 0 0 1 ... entspricht der Untermenge

{   2   5   7 8 9   12 ...

Die Ziffern 1,3,4,6,10,11 entsprechen Nullen in der Zahlendarstellung, werden also nicht ausgewählt.

Durch die Zahl 0,0000... wird die Nullmenge ausgewählt, durch die Zahl 0,1111... die Menge $\mathbb{N}$ selbst. Auf diese Weise entspricht der Menge $\mathbf{P}(\mathbb{N})$ das **Kontinuum** der Zahlen, und weil man diesen Begriff im Lateinischen mit "C" schreibt, wählte *Cantor* das deutsche $\mathfrak{C}$ als Maß für das Kontinuum. Es gilt also:

$$\mathbf{2^{\aleph_0} = \mathfrak{C}}$$

Damit hätten wir die eine Frage beantwortet: $\mathbf{P}(\mathbb{N})$ ergibt alle Zahlen zwischen 0 und 1, nicht nur die Bruchzahlen.

Wirklich alle Zahlen? Der amerikanische Mathematiker *Abraham Robinson* (1918 - 1974) dachte sich unendlich viele Zahlen zwischen den reellen Zahlen aus, die er *hyperreell* nannte und die er in Beziehung setzte zu den "Differenzialen" dx und dy aus der Differenzialrechnung. Dadurch vermehrt sich die Anzahl der Zahlen im Kontinuum, aber auch diese Zahlen kann man durch Dezimalbrüche mit Nullen und Einsen darstellen. Und bei *Conway* haben wir die surrealen Zahlen kennen gelernt, die über diese Zahlen noch hinausgehen.

Jetzt zur zweiten Frage: Kann man diese Zahlen - also alle reellen Zahlen - abzählen oder nicht? Auch diese Frage hat *Cantor* gelöst, indem er diesmal zeigte, dass es *nicht* geht.

Stellen wir uns vor (so sein Argument), wir hätten alle Zahlen irgendwie geordnet. Eine solche Ordnung könnte etwa so aussehen (und stören Sie sich erst mal nicht an den **fett** gedruckten Ziffern):

1:	0,**1**0110101001...
2:	0,0**1**010010110...
3:	0,00**0**01000010...
4:	0,110**1**0000101...
5:	0,1000**1**010001...

...

Jetzt konstruiert *Cantor* eine neue Zahl, indem er von der ersten Zahl die erste Ziffer nimmt, von der zweiten Zahl die zweite Ziffer, usw. (im Beispiel: **fett** gedruckt) und die Zahlen in ihr Gegenteil verkehrt. Daraus erschafft er eine *neue* Zahl, die in unserem Beispiel so aussieht:

0,**00100**...

Es gibt viele Zahlen mit einer 0 an erster Stelle, einer 1 an dritter Stelle, usw., aber nicht in dieser Kombination. Also stimmt unsere Aussage nicht, wir hätten *alle* Zahlen untereinander geschrieben.

Also ist C größer als $\aleph_0$, zumindest um *eine* Zahl. Weil wir auf diese Weise aber viele Zahlen erzeugen können, kommen unendlich viele neue Zahlen dazu.

Das Argument überzeugte Kritiker wie *Poincaré* in keiner Weise. Eine Zahl mehr, mühsam konstruiert - was soll's? Außerdem führt diese Methode, wie sich später zeigte, zum Paradoxon von Banach-Tarski. wo die Grenzen zwischen "abzählbar" und "überabzählbar" verschwimmen. Der Rest der Mathematiker akzeptierte kritiklos *Cantor*s Argument und wandte es auch in anderen Situationen an.

Mengen, deren Mächtigkeit gleich C ist, bezeichnet man als **überabzählbar**. C ist also größer als $\aleph_0$, aber um wieviel? Diese Frage treibt die Mathematiker auch heute noch um, und die meisten meinen, C wäre *sehr viel* größer als $\aleph_0$. Aber was heißt schon "sehr viel" im Bereich des Unendlichen? Und ist C überhaupt größer als $\aleph_0$? Im Unendlichen können wir nichts für selbstverständlich nehmen! Auch nicht die - im Endlichen - triviale Tatsache, wenn a ≤ b ("kleiner oder gleich") und umgekehrt b ≤ a, dann ist natürlich a = b. Im Unendlichen haben dies erst mal *Schröder* und *Bernstein* 1897 bewiesen, nach Vorarbeiten von Cantor und Dedekind. Der Beweis ist nicht einfach; er macht Gebrauch von einer unendlichen Abbildungsfolge von der Menge A zur Menge B und wieder zurück, bis nur noch ein Punkt übrig bleibt. Um das einzusehen, muss man allerdings mit dem Unendlichen sehr vertraut sein und außerdem höchst abstrakt denken können.

Jetzt zum Beweis Cantors für die größere Mächtigkeit der Potenzmenge. Der Beweis ist trickreich und ähnelt dem des Dorfbarbiers. Deshalb überzeugt er Konstruktivisten und Kritiker der Mengenlehre nicht, denn hier wird, wie beim Dorfbarbier, nachträglich eine neue Zusammenstellung (Menge) gebildet, die dann nicht mehr korrekt eingeordnet werden kann. Hier Cantors Beweis als Skizze:

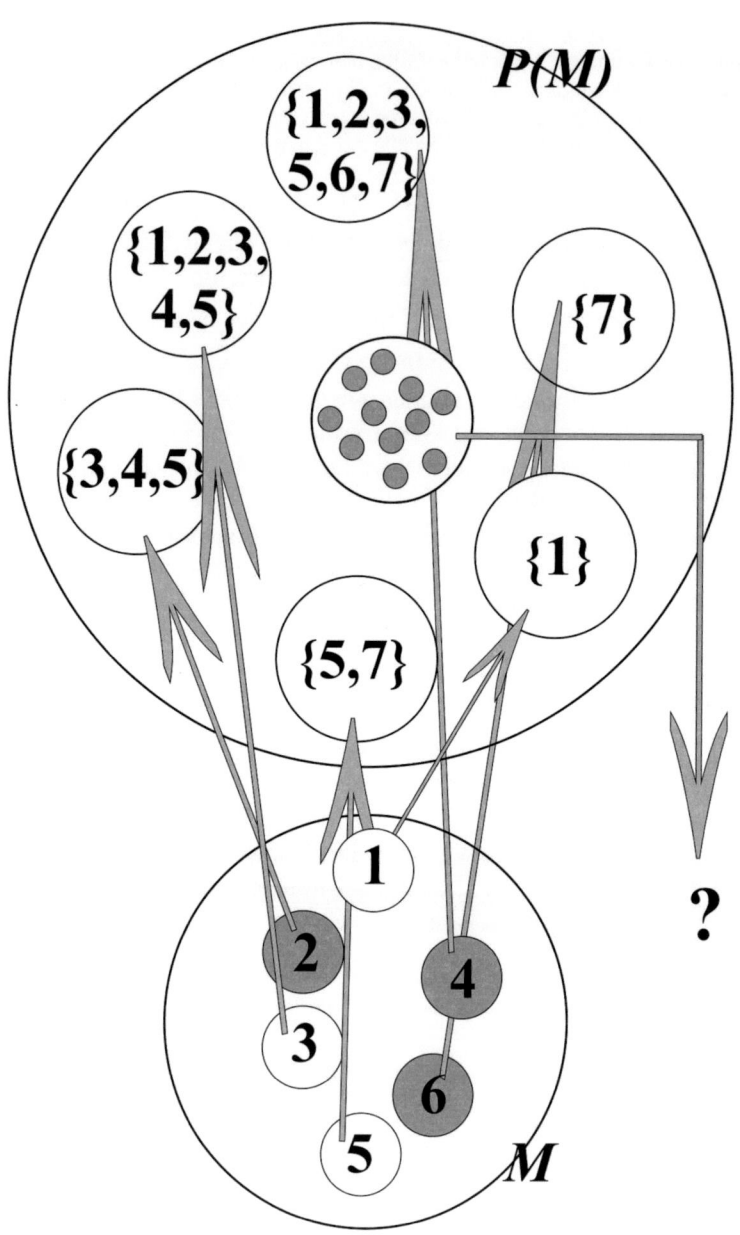

Unten sehen wir die Menge *M*, die der Einfachheit halber nur die natürlichen Zahlen als Elemente enthält; und oben ihre Potenzmenge *P(M)*, die nur aus Mengen besteht. Diese Mengen enthalten, abgesehen von der leeren Menge, mindestens ein Element, beispielsweise {5}, und maximal alle unendlich vielen Elemente, also {1,2,3,...} - und alles dazwischen. Wären die beiden Mengen gleichmächtig, würde jedem Element unten (jeder Zahl) ein Element oben (eine Menge) entsprechen, und die Zuordnung wäre in beiden Richtungen eindeutig ("ein-eindeutig").

Nun unterscheidet Cantor zwei Arten von Zuordnungen. In der einen ist das Element von unten auch in der Menge oben enthalten. Diese Mengen sind unten weiß dargestellt; in unserem Beispiel sind das die Elemente (Zahlen) 1,3 und 5, denn sie kommen auch in ihren Abbildern oben vor. Dagegen sind die Elemente, die oben keine Entsprechung haben, grau dargestellt.

Nun fasst Cantor die Abbilder aller grauen Elemente (unten) in der Potenzmenge (oben) zusammen; das ist in unserer Abbildung der Kreis in der Mitte. Gibt es eine eineindeutige Zuordnung, dann muss diesem Kreis ein Element unten entsprechen - aber welches? Ein weißes kann es nicht sein, denn die weißen Elemente von unten haben auch weiße Abbilder oben. Ein graues kann es erst recht nicht sein, denn "grau" bedeutet laut Definition: Oben gibt es keine Entsprechung dafür. Kurzum: Wen rasiert der Dorfbarbier?

Der kritische Leser könnte einwenden: Die Zusammenfassung der grauen Elemente oben wird ja erst im Nachhinein durchgeführt, nachdem die Abbildungen schon alle stehen. Zudem wird hier etwas mit Eigenschaften definiert, von denen vorher keine Rede war. Die Kritik ist die gleiche wie beim Beweis, dass es mehr reelle Zahlen als ganze Zahlen gibt: Im Nachhinein, nachdem die Ordnung schon feststeht, ist es leicht, einen Widerspruch zu konstruieren. Wie auch immer, dass eine Potenzmenge auch im Unendlichen wesentlich größer als die Menge selbst ist, wird heute allgemein anerkannt.

In mathematischer Schreibweise verliert man leicht den Überblick, und deshalb treten die Seltsamkeiten nicht so deutlich zutage. Die "graue" Menge definieren wir als U:

$$U := \{m \in \mathbb{N}: m \notin \varphi(m)\}$$

Wir identifizieren die Menge M (wie wir sie in der Zeichnung nannten) mit $\mathbb{N}$, der Menge der natürlichen Zahlen, denn schließlich geht es um diese. φ ("phi") ist die Abbildung, die M in P(M) überführt. Dass m (aus M) in seinem Abbild (in P(M)) *nicht* enthalten sein soll, wird durch das Zeichen "$\notin$" angedeutet ("ist *nicht* Element von").

Eine in beiden Richtungen eindeutige Abbildung ("eineindeutig") heißt in der Mathematik **Bijektion**. Wäre φ eine Bijektion (wie wir voraussetzen), dann müsste es ein Element in P(M) geben, das eine Entsprechung in M hat. Nennen wir das Element u'. Es muss also gelten:

$$\varphi(u') = U$$

Mit anderen Worten: u' (aus P(M)) wird nach M zurückgeholt und landet irgendwo in U. Seine Entsprechung u muss nun in U liegen oder nicht (Logik!). Wenn nun

(1) $u \in U$, dann gilt nach Definition von U: $u \notin U$, ein offensichtlicher Unsinn (ersetze in der Definition m durch u). Wenn aber gelten sollte

(2) $u \notin U$, dann gilt nach Definition von U: $u \in U$, ein offensichtlicher Unsinn (ersetze in der Definition m durch u).

Jetzt haben wir unseren Widerspruch, φ kann keine Bijektion sein.

Zusammenfassung

Die Kardinalzahl der Potenzmenge einer Menge M, abgekürzt P(M), ist auch im Unendlichen größer als M, und zwar gilt

$$|P(M)| = 2^M$$

Insbesondere ist die Potenzmenge der natürlichen Zahlen $P(\mathbb{N})$ mächtiger als die Menge $\mathbb{N}$. Diese Menge entspricht den reellen Zahlen in einem beliebigen Intervall, dem "Kontinuum", beispielsweise im Intervall (0,1), was durch Darstellung der Zahlen im Dualsystem gezeigt werden kann. Ihre Mächtigkeit bezeichnete *Cantor* mit C, und es gilt $C = 2^{\aleph_0}$.

Zwischenspiel:
Jüdische Mathematik?

Reine Mathematik ist Religion.
Novalis

Gibt es eine jüdische Mathematik? Dürfen wir so etwas überhaupt fragen? Sicher dürfen wir. Nur weil die Nazis den Ausdruck "Deutsche Physik" missbrauchten, heißt das nicht, dass wir uns davon beeinflussen lassen. Schließlich gibt es bei allen Völkern, Nationen und Gesellschaften kulturelle Traditionen. Man schaue sich nur die Philosophen der Deutschen an, die sich radikal von denen der Angelsachsen unterscheiden. So könnte also auch eine kulturelle Tradition den Stil, Mathematik zu betreiben, in irgendeiner Weise beeinflussen.

Das zumindest glaubten drei Männer. *Theodor Lessing, Ernst Cassirer* und *Felix Hausdorff* machten sich in den Jahren um 1910 darüber Gedanken. Lessing war Pädagoge, Cassirer Kulturphilosoph und Hausdorff Mathematiker. Und alle drei waren sie Juden. Also könnte man annehmen, dass sie wussten, wovon sie redeten. Doch auch sie fielen auf verbreitete Klischees herein. So wurden Juden als heimatlos (also nicht in der Realität verwurzelt) und dem abstrakten Denken zugeneigt klassifiziert. Ihre Mathematik sei, negativ formuliert: formal und inhaltsleer; positiv formuliert: geistig frei und nicht an irgendwelche Realitäten gebunden. Da die Mengenlehre recht abstrakt und abgehoben ist und von dem Juden Cantor entwickelt worden war, folgert daraus, dass es eben eine typisch jüdische Mathematik gibt.

Abgesehen davon, dass die Mathematik an sich ebenso abstraktes wie kühnes Denken verlangt, völlig unabhängig vom Individuum, welches Mathematik betreibt, abgesehen davon krankt die Diskussion an einer winzigen, aber bedeutungsvollen Kleinigkeit: Cantor war gar kein Jude. Zwar setzt *Eric Temple Bell* ("Men of Mathematics") Cantors Judentum als ganz selbstverständlich voraus, während *Ivor Grattan-Guiness* ("Towards a biography of Georg Cantor") dies vehement ablehnt. *Amir D. Aczel* ("Die Natur des Unendlichen") bemüht sich sehr, die jüdische Abkunft Cantors nachzuweisen, während *Herbert Mehrtens* ("Jüdische Mathematik?" im Katalog "10 + 5 = Gott" des Jüdischen Museums Berlin) schlüssig nachweist, dass nichts darauf hinweist. Also was ist jetzt?

Cantors Familie stammt aus Dänemark und flüchtete bei der Belagerung ihres Heimatlands durch die Engländer nach St. Petersburg, wo Georg auch geboren wurde. Danach zog die Familie nach Deutschland. Georgs Vater war protestantisch, seine Mutter katholisch, seine Gattin jüdisch. Was nur darauf hindeutet, dass die Familie in religiöser Hinsicht recht liberal war. Schließlich war es damals ausgesprochen mutig, als Katholik eine Ehe mit einer Protestantin einzugehen (oder umgekehrt).

Der Name *Cantor* heißt auf Deutsch: Sänger. Gesungen wird in allen Kirchen, katholisch, protestantisch oder jüdisch. Und dass sich Cantor in der Kabbala auskannte, sagt ebenfalls nichts. Auch Popstar Madonna ist Kabbala-Expertin, und diese Dame ist streng katholisch. Und was ist mit dem Brief, den Georgs Bruder 1869 mit Schreibmaschine an seine Eltern schrieb, wo er sich zu seiner jüdischen Vergangenheit bekannte? Auch da gibt eine Kleinigkeit zu denken: Schreibmaschinen mit Kleinbuchstaben existieren erst seit 1875!

Fazit: Mathematik ist Mathematik, unabhängig von kulturellen Traditionen. Es gibt ja auch keine chinesische oder malaische Mathematik. Alle Mathematiker halten sich an die gleichen Regeln. Da könnte man ja genauso gut fragen, ob das Sternzeichen einen Einfluss auf die mathematische Arbeit hat. Hat es auch: *Cantor* war im Zeichen Fische geboren, und dieses Zeichen steht für den unendlichen Ozean. Cantor beschäftigte sich sein ganzes Mathematikerleben lang mit dem Unendlichen. *Erdös* war im Zeichen Widder geboren, und diesem Zeichen sagt man nach, dass es unbekümmert und direkt an Probleme und Menschen herangeht, aber nicht gerne philosophische Systeme entwickelt. Genauso betrieb Erdös seine Mathematik. Und *Gödel* war im Zeichen Stier geboren, dem man nachsagt, dass es bedächtig vorgeht und sich nach allen Seiten hin absichert. Genauso sieht Gödels Mathematik aus. Eine wackelige Hypothese, drei Bestätigungen - ob das reicht?

Von $\aleph_0$ zu $\aleph_1$
("Von aleph-null zu aleph-eins")

Mathematik ist die einzige unendliche menschliche Aktivität. Man kann sich vorstellen, dass der Mensch eines Tages alles über Physik oder Biologie weiß. Doch der Mensch wird niemals alles über Mathematik wissen, denn das Thema selbst ist unendlich. Die Zahlen selbst sind unendlich.

Paul Erdös, nomadisierender Mathematiker

Es wäre alles ordentlich und übersichtlich geblieben, hätte *Cantor* nicht der Hafer gestochen. Immerhin hatte er gezeigt, dass man von den abzählbaren Mengen zu überabzählbaren kommt, dass es also im Unendlichen Stufen der Unendlichkeit im Bereich der Kardinalzahlen gibt:

Stufe 0: $\aleph_0$

Stufe 1: $2^{\aleph_0} = C$ (die Mächtigkeit des Kontinuums)

Stufe 2: 2^C (die Mächtigkeit der Menge aller Funktionen, also aller Punktepaare), usw.

Aber das reichte ihm nicht. Er wollte das, was es im Endlichen auch gibt, nämlich einen *Nachfolger*. $\aleph_0+1$ ist natürlich kein Nachfolger, und C ist nicht unbedingt der Nachfolger von $\aleph_0$; es könnte ja zwischen $\aleph_0$ und C noch andere, kleinere Unendlichkeiten geben. Zumindest im Endlichen ist es so: Der Nachfolger von 5 ist nicht etwa 2^5, also 32, sondern 6! Die Untermengenbildung führt zu ziemlich hohen Zahlen. Was aber folgt auf $\aleph_0$? Natürlich $\aleph_1$, aber was heißt das? $\aleph_1$ ist einfach die *nächste* unendlich große Zahl größer als $\aleph_0$. Als ob uns das viel weiterhilft!

Eine abstrakte Definition hat *Cantor* gegeben: Betrachten wir alle abzählbaren unendlich großen Ordinalzahlen $\{\omega, \varepsilon_0,...\}$, dann ergibt sich eine Menge, deren Mächtigkeit gleich $\aleph_1$ ist. Kann man sich so etwas vorstellen, die Menge aller (konstruierbaren) Ordinalzahlen? Ist das nicht schon die größte aller Mengen? Nein, jetzt fangen wir erst richtig an und gehen über das Konzept "abzählbar" hinaus.

Bisher haben wir alle Zahlen irgendwie erzeugt, konstruiert, durch anschauliches Schlussfolgern gefunden. Damit ist jetzt Schluss. Die Stufenfolge des Unendlichen mit Hilfe der alephs verlässt jegliches Vorstellungsvermögen. $\aleph_1$ wird *definiert*, und deswegen muss es existieren. Es gibt verschiedene Definitionen, aber alle sind unanschaulich. Bis auf die mit einer Eigenschaft, die einigen Zahlen zukommt und die wir als **schwer erreichbar** bezeichnen wollen.

Eine Zahl ist dann schwer erreichbar, wenn sie "von unten" nicht erreicht werden kann. ω z.B. kann von unten nicht erreicht werden, nur durch einen Sprung der Höhe ω von einer beliebigen endlichen Zahl aus. Also eigentlich kann es ω gar nicht geben, denn zu seiner Definition brauchen wir die Zahl selbst!

Mathematisch etwas genauer sagen wir: Eine Zahl x ist leicht erreichbar, wenn sie mit weniger als x Zahlen konstruiert werden kann, und außerdem jede Zahl kleiner als x ist. Wenn dieses Kriterium nicht zutrifft, ist die Zahl schwer erreichbar. Beispiel:

$$3 = 1 + 2$$

3 ist leicht erreichbar, denn es setzt sich zusammen aus *zwei* Summanden, beide kleiner als 3. Nicht zulässig wäre allerdings diese Darstellung:

$$3 = 1 + 1 + 1$$

Hier sind zwar alle Summanden kleiner als drei, ihre Anzahl aber ist drei, und diese Zahl existiert ja noch nicht!

Es gibt zwei endliche Zahlen, die beide schwer erreichbar sind: 1 und 2. Klar: Die Eins kann aus der Null auf keine Weise erzeugt werden. Aber die Zwei? Es gibt nur *eine* Möglichkeit, die Zwei zu erzeugen:

$$2 = 1 + 1$$

Nun sind zwar die beiden Summanden kleiner als 2, ihre Anzahl aber ist gleich 2, und diese Zahl existiert ja noch nicht!

Felix Hausdorff, der Schüler *Cantors,* verwendete andere Ausdrücke dafür: schwer erreichbar war für ihn "regulär", leicht erreichbar "singulär". Weil die Bedeutung der Begriffe eigentlich genau umgekehrt ist, bleiben wir bei unserer Bezeichnung. Wenn eine Zahl regulär ist, heißt das in der Mathematik schlicht und verständlich: Sie ist gleich ihrer *Ko(n)finalität*!

Darunter verstehen die Mathematiker Folgendes: Zusätzlich ("co") zu einer Zahl wird auch angegeben, wie viel Schritte nötig sind, diese Zahl "von unten" zu erreichen. So braucht man beispielsweise nur einen einzigen Schritt, um die 17 zu erreichen, denn man nimmt als Ausgangspunkt einfach die 16, die man sich vorher erzeugt hat. Und das gilt für alle endlichen Zahlen. Also gilt: cof(n) = 1 für n = endlich.

Anders bei ω: Egal, von welcher Zahl wir ausgehen, wir brauchen ω Schritte, um zu ω zu gelangen. Eine Zahl, bei der die Kofinalität gleich der Zahl selbst ist, nennen wir "schwer erreichbar" oder nach Hausdorff "regulär".

Im Übrigen sind die Bezüge zur Theologie erstaunlich: Die "1" ist sicherlich noch viel schwerer zu erreichen als die "2", aber beide sind schwer erreichbar. Dass Gott aus dem Nichts die Welt schuf (aus 0 mach 1), können wir verstehen. Aber wozu musste er auch noch Eva erschaffen (aus 1 mach 2)? Weil eben auch die 2 schwer erreichbar ist und eines schöpferischen Aktes bedarf!

Und so kommen wir zu $\aleph_1$: Es ist die *erste schwer erreichbare Zahl* nach $\aleph_0$. Zur Definition von $\aleph_1$ braucht man also $\aleph_1$ selbst. Nicht sehr hilfreich, aber so sind die Mathematiker. Und jetzt können wir die Nachfolgerfunktion auch im Bereich der unendlichen Kardinalzahlen anwenden:

$$NFL(\aleph_0) = \aleph_1; NFL(\aleph_1) = \aleph_2; \text{usw.,}$$

und $\quad \text{LIM}(\text{NFL}(\aleph_n)) = \aleph_\omega = \aleph_{\aleph_0}$

Bleibt die Frage, ob auch C schwer erreichbar ist oder nicht. Die Frage ist bis heute ungelöst!

Cantor, der ewige Spekulant, dachte, die Anzahl der Atome im Universum sei $\aleph_0$, die der Äther-Atome dagegen $\aleph_1$. Heute gehen wir von einem endlichen Universum aus, und den Äther gibt es schon lange nicht mehr.

Paul Erdös, der Mathematiker des Eingangszitats, war ein bedeutender Zahlentheoretiker, der auch (nach ihm benannte) unendlich große Zahlen schuf. Weil er als Jude nicht mehr nach Ungarn zurückkehren konnte und ihm als "Linker" die erneute Einreise in die USA verweigert wurde, begann er ein nomadisches Leben. Nur von seinem Koffer begleitet tauchte er bei Kollegen mitten in der Nacht auf und begrüßte sie mit den Worten "Mein Geist ist offen." Sein Koffer ist im jüdischen Museum in Berlin zu besichtigen, sozusagen eine Reliquie der Mathematik. Erdös trank Unmengen von Kaffe, und sein berühmtester Ausspruch lautet: *Ein Mathematiker ist eine Maschine zur Transformierung von Kaffee in mathematische Theoreme.*

Noch eine Anekdote zu ihm: Weil Erdös durch den unmäßigen Genuss von Kaffee und Amphetaminen seine Gesundheit zu ruinieren drohte, bat ihn ein Freund, wenigstens einmal einen Monat lang auf diese Aufputschmittel zu verzichten. Erdös tat es, und nach einem Monat sagte der Freund zu ihm: Siehst du, es geht doch. Ja, meinte Erdös, aber der mathematische Fortschritt wurde dadurch für einen ganzen Monat aufgehalten!

Zusammenfassung

$\aleph_1$ ist der **kardinale Nachfolger** von $\aleph_0$, d.h. die nächste **schwer erreichbare** ("reguläre") Zahl nach $\aleph_0$. Sie ist definiert als die Mächtigkeit der Menge aller abzählbaren Ordinalzahlen. Mit C, der Mächtigkeit des Kontinuums, kann man sie nicht vergleichen, d.h., es ist nicht klar, ob $\aleph_1 = C$ oder $\aleph_1 < C$.

Aleph-eins ist von unten unerreichbar. Nur eine Art göttlich-mathematischer Schöpfungsakt ermöglicht seine Existenz. Zu seiner Definition braucht es sich selbst.

Zwischenspiel:
Wie man ungeordnete Zahlen ordnet

*Unser erkennender Geist spannt sich, indem er
etwas erkennt, ins Unendliche aus.*

Thomas von Aquin

Eine Menge heißt *geordnet*, wenn von je zwei Elementen festgestellt werden kann, in welcher Beziehung sie zueinander stehen: >, = oder <. Alle reellen Zahlen sind geordnet, nicht aber die komplexen Zahlen, da muss man eine Ordnung erst definieren. Eine Menge heißt *wohlgeordnet*, wenn sie (und jede Teilmenge) ein kleinstes Element hat. Die Menge der ganzen Zahlen ist wohlgeordnet, denn ihr kleinstes Element ist 0 oder 1 (je nach Zählung), und auch für jede Teilmenge kann man ein kleinstes Element finden. Die Menge der Bruchzahlen oder der reellen Zahlen im offenen Intervall (0,1) (das sind alle Zahlen außer den Endzahlen 0 und 1) ist erst mal *nicht* wohlgeordnet, denn es gibt dort keine kleinste Zahl.

Doch jetzt wird's spannend: Mit Hilfe des ominösen *Auswahlaxioms* kann man beweisen, dass jede Menge wohlgeordnet werden kann, also auch überabzählbare Mengen - bloß wie?

Cantor gelang das Kunststück tatsächlich für die Bruchzahlen (siehe das entsprechende Zwischenspiel: "Wieviele Zahlen gibt es zwischen 0 und 1?"). Bei den reellen Zahlen ist es noch nicht gelungen. Wir zeigen einen Ansatz dazu.

Wir stellen die Zahlen zwischen 0 und 1 nur mit den Ziffern 0 und 1 dar, wir transformieren sie also ins Dualsystem, dem bevorzugten System der Computer. Wir beginnen mit der Null:

0,00000...

Als nächstes bauen wir eine einzige "1" ein, das gibt abzählbar unendlich viele Möglichkeiten:

0,100000...
0,010000...
0,001000...

usw. Die "1" wandert also systematisch nach rechts. - Als nächstes verwenden wir zwei Einsen, da wird die Sache schon ein wenig umfangreicher:

0,11000...
0,01100...
0,00110...
...
0,10100...
0,01010...
...
0,10010...
0,01001...
...

Und so geht's dahin, später mit drei Einsen, mit vier, ... mit unendlich vielen, das wäre dann die Zahl 0,1111... So könnten alle Zahlen zwischen 0 und 1 systematisch erzeugt werden - von einem Computer, der unendlich viel Zeit hat, genauer gesagt: C Zeiteinheiten. Danach ist er richtig fertig!

Aber selbst wenn er es schafft, er hat auch dann keineswegs *alle* Zahlen erzeugt. Menschlicher Erfindungsgabe sind keine Grenzen gesetzt, und so fehlen uns als erstes die **hyperreellen** Zahlen. Die hat sich *Abraham Robinson* ausgedacht: Es sind ganz einfach die Differenziale (dx, dy), mit denen wir uns in der Schule und auch an der Hochschule herumquälten. Solche Zahlen liegen zwischen den reellen Zahlen, so wie die irrationalen Zahlen zwischen den Bruchzahlen liegen.

Man kann eine hyperreelle Zahl etwa so definieren: 0, gefolgt von unendlich vielen Nullen, gefolgt von unendlich vielen Einsen. Das sieht dann so aus:

0,000...1111...

Wie man sieht, ist diese Zahl größer als 0, aber kleiner als jede andere Zahl. Die Methode kann man jetzt weiter ausbauen. So könnten wir an diese Zahl beispielsweise noch das unendliche Muster 010101... anhängen:

$$0,000...1111...0101010101...$$

, und daran wieder ... und daran ... Noch verwickelter wird die Sache, wenn wir auch noch die *surrealen Zahlen* einordnen. (Zu deren Definition siehe das Kapitel "Von klein-omega zu unendlich"). Auf eine Wohlordnung dieser Mengen müssen wir wohl noch eine Weile warten!

Von $\aleph_1$ zu C
("Von aleph-eins zu c")

Mathematik ist die Kunst, verschiedenen Dingen den gleichen Namen zu geben.
Henri Poincaré

Cantor hatte zwei Stufenfolgen des Unendlichen geschaffen: die *Potenzmengenbildung* (2^x) und die *Aleph-Reihe* ($\aleph_0$, $\aleph_1$, ... ,$\aleph_\omega$, ...). Die kleinste Zahl der ersten Reihe ist $2^{\aleph_0}$ (= C), die der zweiten $\aleph_1$. Es ist ziemlich schwer zu erklären (oder sich gar vorzustellen), worin sich die beiden unterscheiden. Versuchen wir es!

$\aleph_1$ ist die *Menge aller abzählbaren Ordinalzahlen*, also eine *wohlgeordnete* Stufenfolge von Ordinalzahlen. Dagegen ist C die *Menge aller möglichen Mengen* mit abzählbar unendlichen vielen Elementen. Sie ist nicht wohlgeordnet, kann es aber theoretisch werden, was bisher allerdings niemandem gelungen ist.

Umgekehrt: C ist vergleichbar mit einem Klon: Es wird nach Plan gefertigt, (fast) jeder Schritt ist überprüfbar, das Endprodukt steht fertig und für jedermann sichtbar da. $\aleph_1$ hingegen ist wie eine Fabelgestalt, eine Elfe oder ein Kobold: Manche behaupten, es gibt sie, doch die wirkliche Form bleibt der Fantasie überlassen, ebenso die Tatsache, ob $\aleph_1$ existiert oder nicht.

Jetzt wäre es natürlich schön herauszufinden, welche Beziehungen zwischen den Zahlen dieser Reihe bestehen, der Potenzmengenreihe und der aleph-Reihe. Insbesondere meinte *Cantor*, die ersten Zahlen nach $\aleph_0$ in jeder Reihe wären identisch, also kurz gesagt

$$2^{\aleph_0} (= C) = \aleph_1$$

Diese (nicht bewiesene!) Beziehung heißt **Kontinuumshypothese**. Stimmt sie *nicht*, dann kann nur gelten

$$2^{\aleph_0} > \aleph_1$$

denn $\aleph_1$ ist ja die nächste (also kleinste) Zahl nach $\aleph_0$ und damit sicher nicht größer als $2^{\aleph_0}$. *Cantor* verwendete einen Großteil seiner Zeit und Energie darauf, die Beziehung zu beweisen. Er scheiterte und erlitt einen Nervenzusammenbruch. *Kurt Gödel* (1906 - 1978) verwandte einen Großteil seiner Zeit und Energie darauf, die Beziehung zu beweisen. Er scheiterte und erlitt einen Nervenzusammenbruch. Nichtsdestotrotz kam Gödel 1938 zu einer erstaunlichen Erkenntnis: Die Kontinuumshypothese kann gar nicht bewiesen werden! 1963 beendete der amerikanische Mathematiker *Paul Cohen* die Debatte ein für allemal, indem er nachwies, dass die Kontinuumshypothese auch nicht widerlegt werden kann. Damit war gezeigt: Sie ist unabhängig von den Axiomen der Mengenlehre; man kann sie akzeptieren (was kaum jemand tut) oder verwerfen (was die meisten Mathematiker machen, indem sie meinen, $2^{\aleph_0}$ wäre wesentlich größer als $\aleph_1$).

Es sieht also so aus, als hätte *Cantor* mit seinen beiden Stufenfolgen des Unendlichen zwei voneinander unabhängige Treppen erschaffen, die in völlig unterschiedliche Gefilde führen. Die alephs sind nicht vergleichbar den Potenzmengen, eine erstaunliche Entwicklung. Nun könnte man die Kontinuumshypothese oder ihr Gegenteil als zusätzliches Axiom den bisherigen Axiomen der Mengenlehre hinzufügen, doch das hat bisher niemand getan. Offenbar lieben Mengentheoretiker ihre Freiheit und lassen sich durch ein neues Axiom nicht einengen.

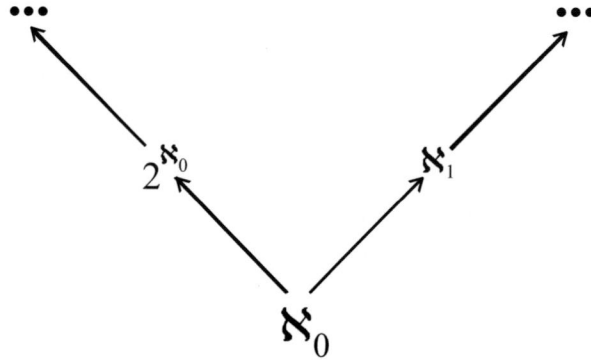

Zwei Definitionen, zwei unvergleichbare Schienen ins Unendliche?

Zusammenfassung

Die **Kontinuumshypothese** besagt, dass $\aleph_1 = 2^{\aleph_0}$, dass die Mächtigkeit des Kontinuums also gleich dem kardinalen Nachfolger von $\aleph_0$ ist. Trotz intensiver Bemühungen von *Cantor* und *Gödel* konnte die Hypothese weder bewiesen noch widerlegt werden. Warum, wurde später klar (Gödel 1940, Cohen 1963): Sie ist unabhängig von den Axiomen der Mengenlehre, kann also akzeptiert oder verworfen werden. Jedenfalls sind Potenzmengen und die alephs nicht miteinander vergleichbar.

Teil III: <u>Definieren</u>

Von $\aleph_1$ zu θ
("Von aleph-eins zu theta")

Das Wesen der Mathematik liegt in ihrer Freiheit.
Georg Cantor

Ein paar Höhepunkte der Stufenfolge der Alephs wollen wir noch zeigen.

Zuvor: Man kann die Kardinalzahlen (die alephs) genauso als Ordinalzahlen einsetzen. Jeder Kardinalzahl entspricht eine Ordinalzahl, aber nicht umgekehrt. $\aleph_0$ entspricht ω, aber $\omega+1$ hat kein aleph als Entsprechung. Es gibt also wesentlich mehr Ordinalzahlen als Kardinalzahlen.

Die Mathematiker haben gezeigt, wie man Ordinalzahlen durch Kardinalzahlen definieren kann. Anstatt von ω verenden wir auch $\aleph_0$. So können wir die *Indizes* der alephs so verwenden wie früher die Ordinalzahlen. Die Reihe sieht erst mal so aus:

$$\aleph_0, \aleph_1, \dots \aleph_\omega = \aleph_{\aleph_0}, \dots \aleph_{\aleph_1} \dots \aleph_{\aleph_\omega}$$

Fortsetzungen ins Unendliche kennen wir ja schon; jetzt wenden wir die Limesbildung auf die Indizes an. Dann erhalten wir eine Zahl, die so aussieht:

Wieder sträubt sich die Vorstellung: Ein Index, der nach unten ins Unendliche geht. Eine Zahl x, die in einer unendlichen Folge die x-te Zahl ist. Ein Bereich im unendlichen Ozean, wo die Größe der

Zahl und ihre Zählung miteinander verschmelzen. Nennen wir diese Zahl θ ("theta"). Dann gilt offenbar (was wir durch Einsetzen nachprüfen können):

$$\boxed{\theta = \aleph_\theta}$$

Was bedeutet: Der Index ist genauso groß wie die Zahl selbst! Normalerweise ist die Zahl gigantisch größer als der Index, aber hier ist sie gleich. Diese Zahl hat eine "Fixpunkteigenschaft" in Bezug auf den Index. Sie ist die größte Zahl, die sich Mathematiker im Bereich der alephs ausgedacht haben - allerdings haben wir diese Konstruktionsform schon bei den Ordinalzahlen, bei ε, kennen gelernt.

Noch weiter geht es nur über seltsame Definitionen. Davon demnächst mehr!

Zusammenfassung

Die Reihe der alephs geht ins Unendliche. Besonders große Zahlen erreicht man durch die Gleichung $\theta = \aleph_\theta$, das ist $\aleph$ mit unendlich vielen $\aleph$s als Indizes.

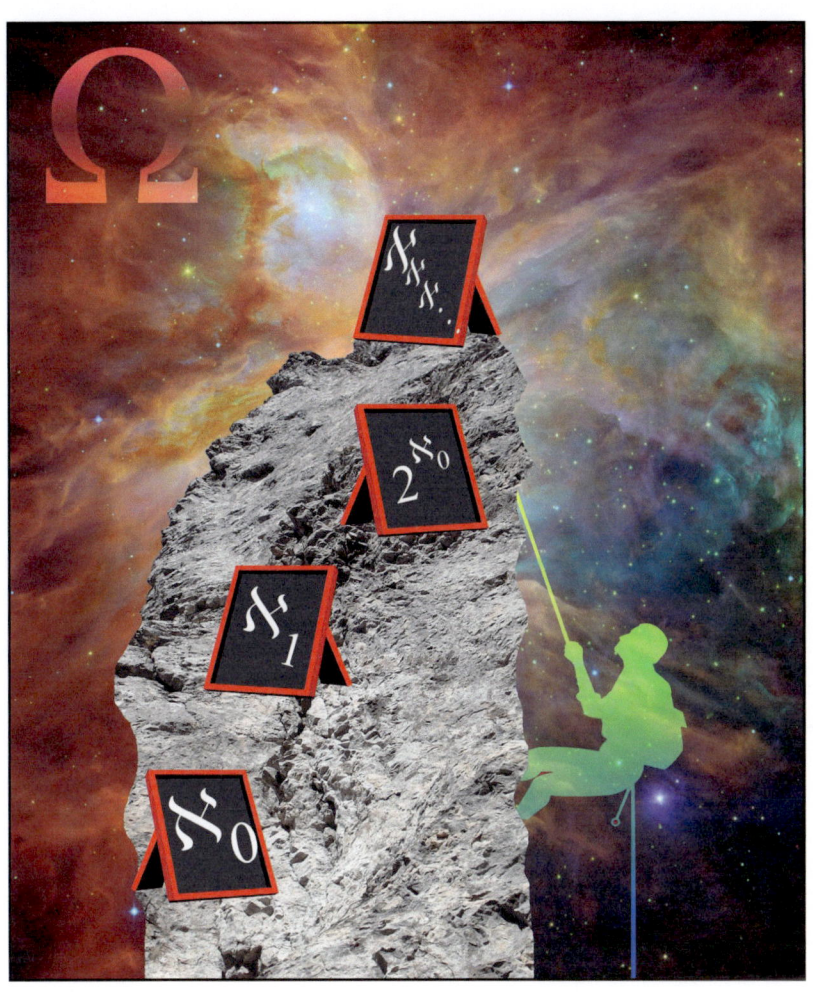

Stufenfolge der Kardinalzahlen

Zwischenspiel:
Zahlen, die es nicht geben kann
(oder vielleicht doch?)

Die ganzen Zahlen hat der liebe Gott geschaffen, alles andere ist Menschenwerk.

Leopold Kronecker (Mathematiker; lehnte Cantors transfinite Zahlen ab)

Wie kann man wissen, ob eine Zahl existiert oder nicht? Die einen meinen, man müsste eine Zahl schon konstruieren (also irgendwie berechnen) können, sonst existiert sie nicht. Andere meinen, es genügt der Nachweis der Widerspruchsfreiheit, dann können sie die Existenz der Zahl akzeptieren. Und wieder andere meinen, solange kein Widerspruch nachgewiesen wurde, existiert die Zahl. Punkt.

Da wollen wir doch schauen, wie das mit ein paar einfachen Beispielen aussieht. Welche der folgenden drei Zahlen existiert?

(1) die Zahl -1 ("minus eins")
(2) die Zahl $\sqrt{-1}$ ("Wurzel aus minus eins")
(3) die kleinste uninteressante Zahl.

Fangen wir an!

(1) Negative Zahlen waren im Abendland lange verpönt, denn von 5 Äpfeln kann man doch nicht 7 Äpfel abziehen! Erst als Kaufleute eine einleuchtende Interpretation (Deutung) der negativen Zahlen als *Schulden* fanden, konnten sie sich allmählich durchsetzen. Noch 1840 lehnte der bekannte Mathematiker *Auguste de Morgan* ihre Existenz rundweg ab. Fazit: erst nein, dann ja.

(2) Es gibt keine Zahl, die mit sich selbst multipliziert minus eins ergibt. Denn $+1 \times +1 = +1$, und $-1 \times -1 = +1$. Also kann es diese Zahl nicht geben, auch wenn solche Zahlen bei der Lösung von Gleichungen gelegentlich auftauchten und durchaus nützlich waren. Doch *Euler* nannte sie "imaginäre Zahlen" und rechnete unbe-

kümmert mit ihnen. *Gauß* gab ihnen eine interessante Interpretation: Die Wurzel aus -1 bewirkt eine *Drehung der Zahlengeraden* um 90° nach links. Heute ist ihre Verwendung in Mathematik, Physik und Technik gang und gäbe. Die gesamte Wechselstromtechnik käme ohne sie gar nicht mehr aus! Fazit: siehe (1).

(3) Eine Zahl ist (nach unserer Definition) dann uninteressant, wenn sie nicht interessant ist. Eine Zahl ist dann interessant, wenn wir sie interessant finden, was sicher nicht bei allen unendlich vielen Zahlen der Fall sein kann. Also gibt es uninteressante Zahlen. Weil man die in eine Reihenfolge bringen kann, existiert unter ihnen auch eine kleinste. Aber: Gerade weil sie die kleinste uninteressante Zahl ist, wird sie wieder interessant! Und damit kann sie nicht mehr uninteressant sein. Weil man das Argument beliebig oft fortsetzen kann, folgern wir daraus mit einigem Staunen: Es kann keine uninteressanten Zahlen geben!

Aus diesen einfachen Beispielen sieht man, dass man bei der Definition von Zahlen höllisch aufpassen muss. Was ungewöhnlich erscheint, kann ganz normal sein. Was harmlos aussieht, kann sich als Fallstrick entpuppen. Im Unendlichen gilt das noch viel mehr.

Von θ zu ϱ
("Von theta zu rho")

Ursprung aller Dinge ist das Unendliche.
Anaximander (610 - 546 v.Chr.)

Mit θ ist Schluss mit "normal". Die alephs können aus den Axiomen der Mengenlehre abgeleitet werden; alle anderen, größeren Zahlen nicht. Deswegen heißen alle Zahlen, die wir jetzt erwähnen, **Große Kardinalzahlen,** auch wenn der Ausdruck "groß" hier unendlich untertrieben ist.

Alle weiteren Zahlen ergeben sich durch Definitionen, die hoch kompliziert sind und eine gründliche Kenntnis der Mengenlehre voraussetzen. Dennoch wollen wir wenigstens die nächste Zahlenklasse, die **unerreichbaren Zahlen,** konstruktiv erfassen, auch wenn alle mathematisch gebildeten Personen dabei entsetzt aufstöhnen werden. Aber wenigstens erhalten wir so eine Ahnung davon, was Cantors Schüler *Felix Hausdorff* (1868 - 1942) sich dabei gedacht hat, als er das Konzept 1908 entwickelte. (Stoßen Sie sich nicht daran, dass die Bezeichnungen in der Literatur nicht einheitlich sind.)

Erst stellen wir uns die Frage: Wozu eigentlich? Mit den alephs kommen wir bis Ω, also bis ans denkbare Ende. Stimmt, aber die alephs sind so groß wie Sandkörner im Vergleich zum Ozean, und den Ozean mit Sandkörnern zu vermessen ist etwas frustrierend - vom Weltall bis zum Rand des Universums ganz zu schweigen. Deswegen suchen die Mathematiker nach neuen Maßstäben. Also: Vom Sandkorn zur nautischen Meile!

Dazu verwenden wir eine Methode, die wir bei der Verallgemeinerung der arithmetischen Operationen erfolgreich eingesetzt haben: Wir verallgemeinern die Limes-Bildung. Wir setzen:

LIM_0 = Nachfolger

LIM_1 = üblicher Limes, also Übergang zur nächsten unendlich großen Zahl. Da wir uns mit Ordinalzahlen gar nicht mehr aufhalten, beziehen wir die Nachfolge-Funktion auf die alephs, sodass gilt:

$LIM_0 (\aleph_0) = \aleph_1$, und

$LIM_1 (\aleph_0) = \aleph_\omega (= \aleph_{\aleph_0})$

Und jetzt geht's los: LIM_2 führt über alle Zahlen hinaus, die mit LIM_1 erreichbar sind, also über alle alephs hinweg. Manche nennen diese Zahl θ, und dem wollen wir folgen. Es gilt also

$LIM_2 (\aleph_N) = \theta$ (mit beliebig großem N)

Aber was heißt das? Es bedeutet, dass wir einen Sprung vom Sandkorn zu einer Sandburg machen, an der wir völlig neue Strukturen entdecken. Diese Sandburg nennen wir θ_0, sie ist die erste unerreichbare Zahl. Wenden wir LIM_2 auf θ_0 an, erhalten wir die nächste unerreichbare Zahl, die nach mathematischer Terminologie "hyper-unerreichbar" heißt, genauer: hyper-1-unerreichbar (die normale Unerreichbarkeit heißt dann hyper-0-unerreichbar). Zwischen θ_0 und θ_1 liegen unermesslich große Abgründe: Alle alephs füllen die Lücke. Von θ_1 kommen wir auf die übliche Weise zu θ_2, θ_3, ... $\theta_{\aleph_0}$ ... und ganz ganz weit in der Ferne dann zu θ_θ.

So langsam haben wir alle Küsten mit Sandburgen zugebaut, jetzt wagen wir uns aufs große Meer: LIM_3 führt über alles hinaus, was wir bisher erreichten. Und so geht es mit den Limes-Bildungen voran, bis $LIM_{\aleph_0}$. Aber das ist immer noch erst der Anfang! Denn als Indizes der LIMes können wir natürlich jede Zahl einsetzen, die wir bisher erzeugt haben, also auch unerreichbare Zahlen, hyper-unerreichbare Zahlen, hyper-hyper-unerreichbare Zahlen usw. Und auch hier können wir den größten denkbaren Sprung wagen und behaupten:

$LIM_\kappa (\theta_x) = \kappa$ (κ = "kappa")

Womit wir vielleicht schon alle Ozeane der Erde mit Sandburgen zugebaut haben - aber etwas Neues finden wir auf diese Weise nicht!

Also hat sich *Paul Mahlo* 1912 Gedanken gemacht, wie man die Ozeane der Erde verlassen und die unendlichen Weiten des Weltalls angemessen vermessen kann. Die Zahlen, die er sich ausdachte, stützen sich in ihrer Definition auf das Unerreichbarkeitskriterium, gehen aber darüber hinaus - wie, das wird zu kompliziert. Jedenfalls wurden diese neuen Zahlen nach ihm benannt (**Mahlo-Zahlen**), und er benannte sie mit dem Buchstaben ρ ("rho"). Alles, was wir bisher taten, wiederholt sich, aber in gigantisch größerem Maßstab.

Die wahre Definition der unerreichbaren Zahlen geht von den Begriffen "regulär" (schwer erreichbar) und "singulär" (leicht erreichbar) aus. Tatsächlich ist ein aleph mit unendlichem Index singulär, weil die Anzahl der Wege zu dieser Zahl kleiner ist als die Zahl selbst, auch wenn das schwer zu begreifen ist. So gilt $\aleph_1$ als regulär (schwer erreichbar), $\aleph_\omega$ dagegen als singulär (leicht erreichbar), weil die Anzahl der Schritte zu dieser Zahl kleiner ist als die Zahl selbst. $\aleph_\omega$ ist eine Limes-Zahl, und Hausdorff fragte sich: Gibt es reguläre Limeszahlen? Durch Beantwortung dieser Frage kommt man zu den unerreichbaren Zahlen.

Zusammenfassung

Die ersten *großen Kardinalzahlen* sind die unerreichbaren Zahlen und die Mahlo-Zahlen. Sie sind definiert durch mengentheoretische Eigenschaften und können aus den Axiomen der Mengenlehre nicht mehr abgeleitet werden.

Zwischenspiel:
Die Widersprüche Gottes

Einst sagt ein alter Mann zu mir:
"Wieviel ist zwei und zwei?
Ich fragte einst 'ne alte Fei,
die sagte, es sei vier.
Doch glaube ich, dass etwas hier
nicht stimmt, dass fünf oder auch drei
das richtige Ergebnis sei.
Und was meint Ihr?"

Was ist so schlimm daran, dass 2 x 2 ausnahmsweise 3 oder 5 ist? Das darf es ruhig, wenn es nicht *gleichzeitig* gleich vier ist. Es geht um die Gleichzeitigkeit: Dies ist gleichzeitig vorhanden und nicht vorhanden. Klingt gut, ist aber für jede exakte Theorie tödlich. Denn die Mathematiker haben gezeigt, dass man aus einem Widerspruch jede beliebige Aussage ableiten kann, also mit jeder "Wahrheit" auch ihr Gegenteil. Und damit ist die Theorie schlicht und einfach überflüssig. Denn um alles behaupten zu können, brauche ich keine Theorie!

Dass man aus einem Widerspruch alles ableiten kann, zeigen wir hier an einem einfachen Beispiel. Nehmen Sie die Arithmetik der ganzen Zahlen und fügen Sie folgendes offensichtlich falsche Axiom hinzu:

$$0 = 1$$

Die Arithmetik enthält jetzt einen Widerspruch, denn natürlich gilt dort immer noch: 0=0, aber auch, ab jetzt, 0=1. Nun können Sie jede beliebige Behauptung beweisen, z.B. 28 = 17. Das geht ganz einfach. Wir schreiben:

$$28 - 17 = 28 - 17$$

Jetzt multiplizieren wir die linke Seite mit 1, die rechte mit 0 (die beiden Zahlen sind ja seit neuestem identisch). So erhalten wir

$$28 - 17 = 0, \text{ oder } 28 = 17$$

Mathematiker sind also darauf bedacht nachzuweisen, dass eine Theorie widerspruchsfrei ist, dass es dort also *niemals* zu einem

Widerspruch kommen wird. Kein leichtes Unterfangen - wie soll man das machen? Zumal *Kurt Gödel* nachgewiesen hat, dass man die Widerspruchsfreiheit einer mathematischen Theorie nicht in der Theorie selbst nachweisen kann. Das geht nur in einer höheren (reichhaltigeren) Theorie - von der niemand weiß, ob *sie* nicht Widersprüche enthält, was den Beweis zunichte machen würde.

Dennoch ist es Gödel und einigen anderen gelungen, die Widerspruchsfreiheit der einfachen Arithmetik (mit den Axiomen von *Peano*) nachzuweisen. Der Trick: Ist die Theorie widerspruchsfrei, dann muss es zumindest *eine* Aussage geben, die man aus dieser Theorie *nicht* ableiten kann. Eine solche, sehr einfache, Aussage der Zahlentheorie ist beispielsweise folgende: "Die Null hat einen Vorgänger." Also muss man beweisen, dass diese Aussage aus den Axiomen einer Theorie *nicht* abgeleitet werden kann.

Wenn es schon schwierig ist, Widersprüche in mathematischen Theorien zu bemerken, müsste es dann nicht noch viel schwieriger sein, solche Widersprüche in einem theologischen System zu entdecken? Mitnichten! Gott - der oberste Gott, also der Gott des Monotheismus (Juden, Christen, Muslime) hat naturgemäß absolute Eigenschaften. Alles an ihm ist absolut unendlich, so gut wie alles führt dann auch zu Widersprüchen. Weil die so einfach zu durchschauen sind, wollen wir das nun in aller Ausführlichkeit tun.

Gott hat nach Meinung der Theologen einige der folgenden Eigenschaften:

- Unendlichkeit ist eine aktuale (tatsächlich vorhandene) Unendlichkeit, im Gegensatz zu einer potentiellen (möglichen), die nur als Ziel existiert, jedoch nie wirklich erreicht werden kann.

- Schönheit

- Unveränderlichkeit und Ewigkeit. Die beiden Eigenschaften bedeuten, dass jede innere Wandelbarkeit (und damit Wandlung) ausgeschlossen ist.

- Allwissenheit besagt, dass Gott nicht nur Vergangenheit, Gegenwart und Zukunft der Welt kennt, sondern auch sich selbst.

- Freiheit ist, wie alle anderen Eigenschaften, absolut. Gott handelt stets ohne innere Nötigung und äußeren Zwang. Die Freiheit wird in drei 'Unter-Freiheiten' eingeteilt (jede davon wieder absolut), und zwar
(a) die Freiheit, zu handeln oder nicht zu handeln.
(b) die Freiheit, dies oder jenes zu tun.
(c) die Freiheit, Gutes oder Böses zu setzen.

- Allmacht ist, historisch gesehen, seine älteste Eigenschaft. Man kann sie so unterteilen wie die zuvor besprochene Eigenschaft, indem man statt 'Freiheit' jeweils 'Macht' setzt.

- Gerechtigkeit ist die dauernde Bereitschaft, das richtige, das heißt, dem beiderseitigen Wesen entsprechende Verhältnis zu einem anderen einzunehmen. Die einzige Norm für diese 'Richtigkeit' ist Gottes eigener Wille.

- Barmherzigkeit ist die Bereitwilligkeit Gottes, aus freiem Willen der Not leidenden Kreatur zu Hilfe zu kommen. Die Barmherzigkeit Gottes ist unberechenbar, das heißt, völlig willkürlich. Gott muss seine eigenen Urteile nicht vollstrecken. Wenn er weiß, dass es richtig oder gut wäre, etwas zu tun, muss er es nicht tun (das folgert aus seiner Freiheit).

- Unbegreiflichkeit Gottes durch den Menschen besagt, dass der Mensch Gott nie begreifen kann (auch im Tode nicht). Gott ist vom Menschen nicht erfragbar, erforschbar, begreifbar, bestellbar oder feststellbar. Nur die Seligen sind der 'Anschauung Gottes' fähig, doch ob man selig wird, hängt allein vom Willen Gottes ab.

Allen Eigenschaften kommt das Attribut absolut zu (Im "Lexikon für Theologie und Kirche" steht dieses Wort ausdrücklich vor jeder der aufgezählten Eigenschaften).

Und jetzt zu den Widersprüchen. Was irgendeiner Eigenschaft Gottes widerspricht (meinen die Theologen), ist innerlich unmöglich. Das innerlich Unmögliche aber ist - nichts. Also sind jene Eigenschaften Gottes, die zu einem Widerspruch führen, nichts, das heißt, sie existieren nicht (für Gott), Gott besitzt sie gar nicht.

Die Allmacht Gottes ist mit sich selbst unvereinbar. Das wussten schon die alten Chinesen. Angenommen, Gott sei allmächtig. Dann kann er auch einen Stein erschaffen, den er nicht bewegen kann. Könnte er dies nicht, wäre er nicht allmächtig. Kann er es aber, ist er erst recht nicht allmächtig.

Man kann diesem Paradoxon - wie vielen anderen - dadurch entgehen, dass man das Wort 'absolut' streicht. Das aber ist deshalb unmöglich, weil man, wenn Gottes Eigenschaften nur eine bestimmte 'Stärke' haben, ein Wesen konstruieren könnte, das auf einer höheren Stufe steht, ohne mit Widersprüchen behaftet zu sein. Die Absolutheit ist also unbedingt erforderlich für das höchste Wesen.

Allmacht und Freiheit sind unvereinbar mit Gerechtigkeit, Barmherzigkeit und Allwissenheit. Sogar im "Lexikon für Theologie und Kirche" wird vermerkt, dass Gott von Freiheit (c) nicht Gebrauch machen kann. Daher ist seine Freiheit nicht absolut, entgegen der Behauptung, und wenn sie nicht absolut ist, wie groß ist sie dann? Könnte es nicht ein Wesen geben mit einem größeren Maß an Freiheit, das dennoch keine Widersprüche in sich trägt? Gottes Freiheit ist, laut diesem Buch, weiterhin dadurch eingeschränkt, dass er sich selbst nicht hassen kann.

Seine Allmacht wird begrenzt durch Allwissenheit und Unveränderlichkeit, durch erstere gegenüber der Welt, durch letztere gegenüber sich. Denn wenn Gott die Zukunft kennt, kann er sie nicht ändern. Sonst müsste er auch wissen, wie er sie ändern wird, dann wäre aber sein Wille nicht mehr frei. Gott kennt, das sei betont, die Zukunft der Wirklichkeit, nicht etwa nur alle Möglichkeiten der Zukunft. Und da Gott unveränderlich ist, kann er selbstverständlich sich selbst nicht ändern.

Die Unendlichkeit Gottes ist mit sich selbst unvereinbar. Gott muss die höchste Stufe der Unendlichkeit besitzen (sonst könnte man sich ein Wesen vorstellen, das noch höher ist als er). In der Mengenlehre wird gezeigt, dass ein derartiger Begriff zu einem logischen Widerspruch führt: Wenn die Unendlichkeit eine Zahl ist (die wir als Ω bezeichnen), dann kommt man durch Weiterzählen zu einer größeren Zahl. Ist Gott dagegen eine Menge, dann sicher die größte aller denkbaren Mengen, beispielsweise die Menge alles Denkbaren. Nennen wir sie M. In ihr ist nicht nur alles Denkbare, sondern auch alles Undenkbare enthalten, also sicherlich überhaupt alles.

Doch M kann es nicht geben. Ich kann mir nämlich eine Menge N ausdenken, die größer ist als M. Da aber M alles enthält, enthält sie auch N. N ist also Element von M und daher kleiner (oder höchstens gleich) M. Nach unserer Definition ist sie aber größer als M, und wenn die Worte 'kleiner' und 'größer' noch irgendeine Bedeutung haben sollen, kann M nicht existieren. Also gibt es keine größte Menge und damit keine höchste Form der Unendlichkeit, also auch nicht Gott.

Gottes <u>Schönheit</u> ist unvereinbar mit seiner <u>Unbegreiflichkeit</u>. 'Schönheit' ist ein Begriff, der nur Sinn hat in Bezug auf den Menschen. Die Natur ist weder schön noch hässlich und auch nicht kitschig. "Erst das Auge schafft die Welt" wie *Christian Morgenstern* in dem Gedicht vom ungesehenen Kilometerstein bemerkt. Erst wenn man die Natur 'anschaut' (auf irgendeine Art erlebt), kann man ihr das Attribut 'schön' zu- oder absprechen.

Fazit: Wer Gott in menschlichen Begriffen beschreibt, ist selber schuld!

Von ρ zu Ω
("Von rho zu Groß-Omega")

Sie jagten bis Einbruch der Nacht. Doch sie fanden
Keinen Knopf, keine Feder, kein Pfand,
Welche ihnen gezeigt, dass am Tatort sie standen,
wo der Sänger ins Schnark sich verrannt.
Lewis Carroll: Die Jagd nach dem Schnark

Mit den Mahlo-Zahlen stehen wir ganz am Anfang der Reihe "großer" Kardinalzahlen, sprich: unendlich großer unendlicher (transfiniter) Zahlen und Mengen. Die Mathematiker jagten weiter nach dem Omega so wie die Besatzung von Lewis Carrolls seltsamem Schiff nach dem Schnark. (Im Original heißt es natürlich nicht "Sänger" (= Cantor), sondern Bäcker!) Den Rest der Stufenfolge wollen wir nur kurz erwähnen (Sie dürfen über die Bezeichnungen staunen) und dann ein paar Kommentare abgeben.

Nach den *Mahlo*-Zahlen kommen die *unbeschreibbaren* Zahlen, dann die *schwach kompakten* Zahlen, die *extrem unbeschreibbaren* Zahlen, die *unfaltbaren* Zahlen, die *subtilen* Zahlen, die *unsagbaren* Zahlen, die *bemerkenswerten* Zahlen, die *Erdös*-Zahlen, die *Zerlegungszahlen*, die *Jónsson*-Zahlen, die *Rowbottom*-Zahlen, die *ununterscheidbaren* Zahlen, und schließlich die *messbaren* Zahlen.

Kleine Verschnaufpause, gleich geht's weiter. Es folgen die *starken* Zahlen, die *Woodin*-Zahlen, die *Shelah*-Zahlen, die *hyper-Woodin*-Zahlen, die *superstarken* Zahlen, die *stark kompakten* Zahlen, die *superkompakten* Zahlen, die *erweiterbaren* Zahlen, die *Vopěnka*-Zahlen, die *beinah riesigen* Zahlen, die *riesigen* Zahlen, die *superbeinaheriesigen* Zahlen, die *superriesigen* Zahlen, die *n-riesigen* Zahlen, die *Rang-in-Rang*-Zahlen, die *Reinhardt-Zahlen*.

Kleine Verschnaufpause, und zwei kleine Kommentare.

Der erste betrifft den Begriff der **Messbarkeit**. Die Mathematiker kamen mit den üblichen Maßen natürlich nicht mehr weiter, also dachten sie sich neue Maße zur Erfassung unendlicher Mengen aus. Dabei ergab sich eine seltsame Kuriosität: Das Maß aller Mengen mit abzählbar vielen Elementen ist 0; das Maß aller Mengen mit überabzählbar vielen Elementen ist 1. Dazwischen und darüber gibt's nichts, was mit Hilfe des Auswahlaxioms sofort zu einem Widerspruch führt. So kann man, wie wir beim Banach-Tarski-Paradoxon ausführlich zeigten, den Kreisumfang mit Hilfe dieses umstrittenen (aber notwendigen) Axioms geschickt so ausschöpfen, dass eine Menge entsteht, deren Maß entweder 0 ist oder $1 \times \infty = \infty$. Das kann aber nicht sein, denn der Kreisumfang hat bekanntlich das Maß 2π. Flugs zogen sich die Mathematiker auf gewohnte Weise aus dem Dilemma, indem sie behaupteten: Es gibt unmessbare Mengen. Welche das sind, entscheiden sie dann, wenn's wieder mal nicht klappt.

Der zweite Begriff heißt **elementare Einbettung**. Mit seiner Hilfe werden alle Zahlen größer als die messbaren Zahlen definiert. Es geht darum, Beziehungen zwischen den Elementen eines mathematischen Gebildes auf ein größeres, reicheres Gebilde zu übertragen. Gelten die Beziehungen dann in gleicher Weise, d.h. kann das kleinere Gebilde in das größere eingebettet werden? Und natürlich darf man auch fragen: Kann ein Gebilde, z.B. eine Menge, in sich selbst eingebettet werden?

Nun geht es weiter. Nehmen Sie tief Atem und staunen Sie: Unsere Reise ist zu Ende! Es geht nicht weiter, denn die letzten Zahlen, erst 2006 definiert, erwiesen sich als widersprüchlich. *Reinhard* versuchte eine elementare Einbettung einer Menge in sich selbst. Doch war schon seit 1970 bekannt, dass so etwas nicht funktioniert, da es zu einem Widerspruch führt.

Die Reise der Mathematiker hinaus in den Ozean des Transfiniten ist abrupt an einer unüberwindbaren Klippe gescheitert, obwohl das Ziel - Ω, das Absolute - immer noch unendlich weit weg ist. Den tapferen Mathematikern, die sich auf die Jagd nach der Phantom-Zahl machten, erging es wie der Mannschaft aus *Lewis Carroll*s Gedicht "Die Jagd nach dem Schnark": Als sie es endlich gefunden haben, entpuppt sich das harmlos scheinende Schnark als bösartiges Budschumm, und sein Entdecker löst sich in Luft auf. Es erging ihm wie dem Förster Theobald aus *Christian Morgensterns* Gedicht "Das Löwenreh": Als er das Ungeheuer endlich stellt, lösen sich beide in Luft auf.

Wie auch immer wir das absolut Unendliche benennen oder es uns vorzustellen versuchen, wir sind hilflos in seinem Angesicht, es droht der Tod durch Zerschmelzen. Und das ist auch verständlich: Das unendlich Ferne, das unermesslich Große, überschattet alles; in Seinem Anblick schrumpfen wir zum Nichts. Doch war die Reise zu ihm, die Jagd nach dem Schnark oder dem Löwenreh, faszinierend, spannend, überraschend; sie eröffnete uns neue Aus- und Einblicke in mathematische Zusammenhänge, regte uns zu theologischen Spekulationen an und führte zu kunstvollen Konstruktionen, die noch immer Bestand haben, auch wenn sie keiner braucht und kaum einer versteht.

Name	Entdecker	definiert durch
endlich	Urmensch	Nachfolgerfunktion
alephs	Georg Cantor 1870	transfinite Nachfolge. Auch $\kappa = \aleph_\kappa$ gehört dazu.
unerreichbar α-unerreichbar hyper-unerreichbar	Felix Hausdorff 1908; Sierpinski & Tarski 1930	Regularität einer Limeszahl; $\theta = \aleph_\theta$. c ist vermutlich unerreichbar
Mahlo	**Paul Mahlo 1911**	**Unerreichbarkeit**
unbeschreibbar	Hanf, Scott 1961	Beschreibbarkeit
schwach kompakt		Homogenität
extrem unbeschreibbar		
unfaltbar		
subtil	R. Jensen, Kenneth Kunen 1971	Untermengen

unsagbar	"	Untermengen
bemerkenswert		
$0^{\#}$	Robert Solovay 1967	Gödelzahlen der ununterscheidbaren Zahlen; elementare Einbettung
Erdös		
Zerlegungszahlen		Kombinatorik
Jónsson		
Rowbottom		
Ramseyzahlen	Frank Ramsey 1930	Kombinatorik
ununterscheidbar	Jack Silver 1966	
messbar	**Stanislaw Ulam 1930**	**Ultrafilter (dichte Untermengen), elementare Einbettung**
stark	Alfred Tarski 1962	elementare Einbettung
Woodin		elementare Einbettung
Shelah		
hyper-Woodin		
superstark		elementare Einbettung
stark kompakt		genaue Größe unbekannt
superkompakt	Solovay, Reinhardt	elementare Einbettung
erweiterbar	William Reinhardt	elementare Einbettung
Vopěnka		
beinahe riesig		elementare Einbettung
riesig		elementare Einbettung
superbeinaheriesig		
superriesig		
n-riesig		
Rang-in-Rang		elementare Einbettung
Reinhardt	Reinhardt 2006	elementare Einbettung in sich selbst. Kann keine Menge sein. Kunen zeigte schon 1970: Solche Zahlen

		sind widersprüchlich: Es gibt keine elementare Einbettung des Unendlichen in sich selbst.
$1 = 0$		kleiner Scherz: Das größte, nicht mehr mögliche Axiom, da ein eklatanter Widerspruch
absolut Unendliches	Cantor 1899	größte Ordinalzahl. Kann nicht existieren

Die Stufenfolge der Unendlichkeiten

Und wozu das Ganze?

Ich weiß nicht, wie ich der Welt erscheinen werde, aber ich komme mir vor wie ein kleiner Junge, der an der Meeresküste spielt. Manchmal fand ich einen runderen Stein oder eine schönere Muschel als üblich, während der große Ozean der Wahrheit unentdeckt vor mir lag.

Isaac Newton

Warum eigentlich immer mehr und immer höher? Warum sich immer groteskere und unvorstellbarere Zahlen ausdenken, wo doch der Prozess des Nachfolgens und der Limesbildung voll ausreicht, das Unendliche zu durchmessen?

Es ist wahr, die beiden Prozesse reichen aus, aber wenn wir "im Kleinen" bleiben und versuchen, das Unermessliche messbar zu machen, dann wäre das so, als wolle man die Entfernung von der Erde zum Andromedanebel mit Hilfe von Atomabständen bestimmen. Das geht gar nicht. Also brauchen wir neue Maßstäbe, und das sind die immer reichhaltigeren unendlichen Mengen oder Zahlen.

So könnten wir etwa folgende Vergleiche herstellen:

Die *endlichen Zahlen* entsprechen einzelnen Atomen und Molekülen. Manche sind größer, manche kleiner, aber einen Erdball kann man aus ihnen nicht basteln.

Die erste unendlich große Zahl, ω oder $\aleph_0$, könnte man mit einem Sandkorn oder einem Kristall vergleichen. Es hat bereits eine gewisse Form, ist aber von den vielen anderen Sandkörnern oder Kristallen nicht unterscheidbar. Alle *alephs* zusammen bilden einen Strand, eine ununterbrochene, ununterscheidbare Menge winzigster Sandkörner; oder eine Düne, die sich auch für unser Auge scheinbar ins Unendliche erstreckt.

Mit den *unerreichbaren* Zahlen schöpfen wir einen irdischen Ozean aus, in dem alle Strände der Welt spurlos verschwinden könnten. Die darüber liegenden *Mahlo-Zahlen* könnten die ganze Erde ausschöpfen, und ab da geht's ab in den Weltraum. Wir durchmessen die Strecke zum Mond und zum Mars; zu den Sternen der Galaxis; zum Andromedanebel; zum Virgo-Haufen; zur Großen Mauer; zum Großen Attraktor; zu den kosmischen Blasen und weiteren, noch unentdeckten Strukturen im unendlichen (?) All. Mit den größten - widersprüchlichen - Zahlen könnten wir die Grenzen unseres Universums verlassen und andere Universen aufsuchen. Das Große Absolute entzieht sich aber weiterhin jeglicher Vorstellung oder Analogie.

So könnten Entsprechungen zwischen Zahlen und realen Gebilden aussehen:

endliche Zahlen *Atome*	
Ackermannzahlen *Moleküle*	
ω, $\aleph_0$ *Kristalle*	
alephs *Sanddünen*	
unerreichbare Zahlen *Meere*	
Mahlo-Zahlen *Erde*	

kombinatorische Zahlen *Sonnensystem*	
messbare Zahlen *Galaxis*	
elementare Einbettung *Galaxien-Superhaufen*	
Reinhard-Zahlen *Großer Attraktor*	
Omega *Das Undenkbare*	

Zwischenspiel:
Große Zahlen oder großer Unsinn?

Die Mathematik kommt durch Konstruktionen vorwärts, sie konstruiert immer verwickeltere Kombinationen. Damit eine Konstruktion jedoch nützlich sein kann, damit sie nicht nur eine überflüssige Anstrengung des Verstandes darstellt, damit sie jedem als Sprungbrett dienen kann, der sich höher erheben will, muss sie vor allem eine Eigenart besitzen, die es erlaubt, in ihr etwas anderes zu erkennen als eine bloße Anhäufung von Elementen. Genauer gesagt: Man muss den Vorteil darin erkennen, dass man lieber die Konstruktion als die einzelnen Elemente betrachtet.

Henri Poincaré

Brauchen wir die Mengenlehre in dieser Form, also die Lehre von den wirklich großen unendlichen Kardinalzahlen? Die Frage stellt sich dem Mathematiker nicht, da dieser nach der Erkenntnis an sich strebt. Dennoch kann man fragen, welche Auswirkungen die Erkenntnisse von großen Kardinalzahlen auf den Rest der Mathematik hatten. Die Antwort ist einfach: keine.

Der Mathematiker *Arnon Avron* von der Tel-Aviv-Universität (Israel) meint dazu: *Ich glaube nicht, dass irgendein "Kern"-Mathematiker irgendwann auch nur implizit große Kardinalzahlen benutzt hat. Ich glaube auch nicht, dass dies jemals der Fall sein wird. Ich sehe auch nicht, dass Aussagen über große Kardinalzahlen sinnvoll sind - geschweige denn wahr.*

Der Logiker und Forscher auf dem Gebiet der Künstlichen Intelligenz, *John F. Sowa* von der University of Maryland, meint dazu: *Nichts in der Analysis (= Differenzial- und Integralrechnung) hängt in irgendeiner Weise von Cantors Diagonalbeweis ab.*

Selbst in der Mengenlehre braucht man keine überabzählbaren Mengen. Das berühmte Theorem von *Löwenheim* und *Skolem* aus den Jahren 1915 und 1920 besagt nämlich, dass jede beliebig große

Kardinalzahl durch ein System von Aussagen beschrieben werden kann, in dem nur abzählbar viele Worte vorkommen. Skolem hat das Resultat als "paradox" bezeichnet, daher rührt der Ausdruck "Skolem-Paradox". Das Paradoxe besteht darin, dass sich in der gewöhnlichen Mengenlehre die Existenz von überabzählbar großen Mengen beweisen lässt. Doch nach dem Theorem von *Löwenheim* und *Skolem* werden nur abzählbar viele Individuen gebraucht. Mit anderen Worten: Die ganzen Zahlen genügen! Wozu dann der riesige Aufwand?

Einer der besten Kenner (und Erforscher) der Theorie des Unendlichen, *Kurt Gödel*, äußerte eine andere Kritik: Man kann Zahlen nicht auf Strecken übertragen, womit die ganze Diskussion um die Mächtigkeit des Kontinuums überflüssig wird. Denn wollte man die Strecke zwischen 0 und 1 - das "Einheitsintervall" - in zwei genau gleich große Teile teilen, dann bekäme man Schwierigkeiten mit dem Mittelpunkt x = 0,5. Welchem Teilintervall ordnen wir ihn zu? So oder so, ein Intervall hat einen Punkt mehr; dabei wollten wir das Intervall doch exakt zweiteilen!

Erstaunlich: Der Schriftsteller *Jorge Luis Borges* hat das Problem bereits in seiner Kurzgeschichte "Die Bibliothek von Babel" angesprochen: "*Die ungeheure Bibliothek ist überflüssig; strenggenommen würde ein einziger Band gewöhnlichen Formats, Corpus neun oder zehn, genügen, wenn er aus einer unendlichen Zahl unendlich dünner Blätter bestände. Die Handhabung dieses seidendünnen Vademecum wäre nicht einfach; jedes anscheinende Einzelblatt würde sich in andere gleichgeartete zweiteilen; das unbegreifliche Blatt in der Mitte hätte keine Rückseite.*"

Der amerikanische Philosoph *Charles Sanders Peirce* fand eine Lösung, zumindest für das Punkte-Intervall: Punkte entstehen durch das Schneiden von Geraden. Damit wird aber die ganze Diskussion über große Kardinalzahlen überflüssig, da sie sich zum Großteil auf überabzählbare Punktmengen stützen. Und die gibt es dann nicht mehr.

Eine weitere Kritik an den so genannten "großen" Kardinalzahlen liegt darin, dass man in Schwierigkeiten gerät, wenn man ihre Größen vergleicht. Es gibt nämlich zwei Vergleichskriterien: die

Größe, und die *Ableitbarkeit* (Implikation). Man sagt, eine Zahl *A* impliziere die Zahl *B*, geschrieben als $A \rightarrow B$, wenn aus der Widerspruchsfreiheit der Definition von *A* die Widerspruchsfreiheit der Definition von *B* folgt. Dann gilt auch, dass *A* umfassender ist als *B*, also auch größer:

$$A \rightarrow B \Rightarrow A > B$$

("Aus 'A impliziert B' folgt 'A größer als B'") Doch das ist ab einer gewissen Zahlengröße nicht mehr der Fall. Der Mathematiker *David Libert* von der Carleton Universität in Ottawa (Kanada) weist darauf hin, dass "riesige" Zahlen "superkompakte" Zahlen implizieren, also auch größer sein müssten als diese. Es gibt aber Fälle, wo eine "superkompakte" Zahl größer ist als eine "riesige". Hier klafft eine begriffliche Lücke, die bisher niemand geschlossen hat.

Doch die härteste Kritik an der Jagd nach immer mächtigeren Mengen kam von einem Zeitzeugen. *Henri Poincaré* war einer der bedeutendsten Mathematiker und Physiker um 1900. Er erfand die algebraische Topologie und die Chaostheorie, und er fand die Formeln der Relativitätstheorie einige Jahre vor Einstein.

Die Definition durch Eigenschaften beurteilt er so:

Man kann die Macht bewundern, die in einem Worte ruhen kann. Man denkt sich einen Gegenstand, von dem man nichts aussagen kann, so lange er keine Benennung erhalten hat. Es genügt, ihm einen Namen zu verleihen, damit er Wunder wirkt.

Er bedauert:

Die Cantorschen Antinomien (= Widersprüche) wirkten aber nicht entmutigend auf die Vertreter der betreffenden Methode; letztere bemühten sich vielmehr, ihre Regeln so abzuändern, dass sie bereits aufgetauchte Widersprüche verschwinden ließen, ohne indessen sicher zu sein, ob sich nicht neue Widersprüche ergeben würden.

Und schließlich ganz lapidar:

Das aktual Unendliche gibt es nicht; das haben die Cantorianer vergessen, und deshalb gerieten sie in Widersprüche.

Um zum Anfang zurück zu kommen: Cantors Diagonalargument ist vielleicht nur ein gedanklicher Trick. Stellen wir uns vor, wir hätten eine Tüte (für meine österreichischen Leser: a Sackal), in die genau 100 Würfel einer bestimmten Größe passen. Wir probieren es aus: Es stimmt. Jetzt fragen wir, ob wir anstelle eines Würfels nicht die Tüte selbst in sich hineinpacken können. Auch das ist möglich: Wir falten die Tüte, bis sie so klein ist wie ein Würfel. Aber jetzt wird's haarig: Damit das möglich ist, müssen wir den ganzen Inhalt erst rausschmeißen, sonst können wird die Tüte nicht falten.

Das Hineinstecken der Tüte in sich selbst wäre vergleichbar einer Selbstreferenz. Der Dorfbarbier, der sich selbst rasiert (oder auch nicht), kommt erst *später* dazu. Erst mal werden alle männlichen Dorfbewohner in zwei Gruppen eingeteilt, und dabei gibt es keine Probleme. Erst wenn man den Oberbegriff - die Tüte - dazu nimmt, kommen wir in Schwierigkeiten, weil wir nämlich plötzlich unsere eigenen Regeln brechen. Und damit geraten wir in all die Schwierigkeiten, die der Mengenlehre immer noch anhaften, auch wenn sie diese konsequent ignoriert.

Teil IV: <u>Rechnen</u>
Von Ω zu λ
("Von Omega zu lambda")

Die Mathematik ist mehr ein Tun als eine Lehre.

Luitzen Brouwer,
Verfechter einer konstruktiven Mathematik

Es ist uns zwar nicht gelungen, die Mengenlehre, speziell: die Lehre von den transfiniten Kardinalzahlen, auf eine bestimmte Kulturtradition zurück zu führen. Dennoch hat die gesamte Tradition des Abendlands Einfluss auf alle geistigen und kulturellen Aktivitäten. Die Mengenlehre schwebt nicht in der Luft; sie hat ihre Wurzeln in einer besonderen sozialen und wirtschaftlichen Konstellation. Wie wir die herausfinden? Durch die Analyse der verwendeten Worte!

Der Hauptbegriff der Mengenlehre liegt in der *Zugehörigkeit*. In der Mengenlehre gibt es im Prinzip nur zwei Zeichen, ∈ ("ist Element von") und ⊆ ("ist Teil von"). Beide bestimmen, ob etwas zu etwas anderem gehört oder nicht oder wenigstens Teil von etwas ist.

Ins Menschliche übertragen: Es ist außerordentlich wichtig, ob jemand Mitglied einer bestimmten Gesellschaftsklasse ist oder nicht; ob ein Stück Land einem bestimmten Besitzer gehört oder nicht; ob die Erbschaftsverhältnisse geklärt sind oder nicht; ob eine Gruppe oder Klasse von Menschen sich gegen andere abgrenzen kann oder nicht; und schließlich: Wer größer ist (mehr Gewicht hat), oder gleich oder kleiner. Mit anderen Worten: die Mengenlehre repräsentiert den *Feudalismus* mit seinem Klassendenken sowie den *Frühkapitalismus* mit seinem Besitzdenken.

Viele seiner Elemente gibt es auch heute noch, vieles aus der Mengenlehre hat seine Entsprechungen in der Gesellschaft. Wer zu einer bestimmten Klasse gehörte, konnte diese nicht verlassen. Die Schwierigkeiten nahmen am Rand zu, wo besonders darauf geachtet wird, dass man mittels "Filtern" oder gar "Ultrafiltern" diejenigen herein lässt, die dazugehören, und die anderen ausschließt.

Auch ist unser Besitzdenken immer noch extrem ausgeprägt. Man denke an die Grenzstreitigkeiten und Erbschaftsprozesse. Dem Versuch, immer mächtigere Kardinalzahlen zu finden, entspricht in der Gesellschaft das unbegrenzte Streben nach Status, Besitz und Macht. Politiker mehren und sichern ihre Macht und sträuben sich dagegen, zurückzutreten. Immobiliengesellschaften vereinnahmen Haus um Haus, Büro um Büro, Gebäude um Gebäude. Mächtige Staaten nehmen kleinere in Besitz, große Firmen schlucken, was sie schlucken können, bis sie daran zerplatzen. Banach-Tarskis magische Kugel ("Aus 1 mach 2") hat ihre Entsprechung im Aktienmarkt, wo durch Finanzspekulationen auf wundersame Weise die vorhandenen Geldmengen vermehrt werden, ohne dass dem in der Realität irgendetwas entspricht. Der Wert ändert sich nicht wirklich, nur die Betrachtungsweise. Schließlich bricht dann das ganze System an seinen inneren Widersprüchen zusammen - wie die Mengenlehre zuletzt mit ihrer elementaren Einbettung. Oder ganz am Anfang mit ihren Mengen, die sich selbst enthalten. Passt das alles in ein Zeitalter der schnellen Berechenbarkeit und der aufgelösten Grenzen im Internet?

Aber, so der Einwand, das ist nun mal Mathematik, und wie sollte es anders gehen? Es geht anderes. Es gibt eine alternative mathematische Theorie, welche die gesamte Mathematik aus dem Begriff der *Funktion* und der *Berechenbarkeit* aufbaut - Ideen, die unserem Zeitalter der Computer bestens entsprechen. Es gibt sie in zwei einander äquivalenten Formen, den λ-**Kalkül** (Lambda-Kalkül) und die **Theorie der Kombinatoren**. Bei beiden geht es ums Rechnen bzw. Basteln, also um das Erzeugen komplexer Strukturen aus einfachen. Grundlage sind nicht fertig vorliegende Gegebenheiten, sondern erzeugte Strukturen; nicht unerfüllbare Forderungen nach guter Ordnung, sondern konkrete Verfahren zur Anordnung von Dingen; nicht undurchschaubare Hierarchien, sondern demokratisch gleichberechtigte Bausteine; nicht passive Elemente und nicht minder passive Zusammenfassungen ebendieser Elemente, sondern aktive Operatoren, die auch auf ihresgleichen wirken können, da es nur *ein* Element der Wirklichkeit gibt, eben Operatoren (Konstruktöre, Beweger, Veränderer, Funktionen).

Der λ-Kalkül (*Alonzo Church* 1940) beschäftigt sich mit den Abstraktionen bei der Bildung von Funktionen. Er wurde durch die Programmiersprache LISP in den 1960-er Jahren auch auf Computer übertragen - und alle, die LISP kennen, halten sie für die interessanteste und faszinierendste Programmiersprache. Mit ihr kann man Aufgaben der künstlichen Intelligenz am besten bewältigen: Sprachanalyse, komplexe Konstruktionen von Zeichenketten oder verzweigten Bäumen. Einer der Gründe für ihren Erfolg ist ihre begriffliche Einfachheit: Es gibt nur Listen. Ein anderer liegt darin, dass alle in LISP konstruierten Funktionen stets auch auf sich selbst angewandt werden können, dass LISP also weitgehend *rekursiv* (selbstbezüglich) ist.

LISP ähnlich (und noch einfacher als der λ-Kalkül) ist die Theorie der Kombinatoren (*Moses Schönfinkel* 1924, *Haskell Brooks Curry* ab 1929). In ihr gibt es nur Kombinatoren, runde Klammern zur Änderung der Priorität, und sonst nichts, also auch keine Abstraktionen. Kombinatoren verändern lineare Strukturen (Zeichenketten), und zwar in unserer Leserichtung, also von links nach rechts.

Kombinatoren ändern die Gruppierung und Reihenfolge von unspezifizierten Elementen

Z.B. vertauscht der *Vertauscher* **C** (von "change" = ändern) zwei Argumente einer Funktion f:

C fxy = fyx (= f(y,x) in konventioneller Schreibweise)

Der *Kompositor* **B** verknüpft zwei Elemente zu einer geschachtelten Funktion:

B fgx = f(gx) (= f(g(x)) in konventioneller Schreibweise)

Der *Synthetisator* **S** macht das Gegenteil, er entmischt die Argumente zu zwei Funktionen:

S fgx = fx(gx) (= f(x),g(x) in konventioneller Schreibweise)

Der *Vernichter* **K** ("Kanzellator", von "cancel" = löschen; früher mit "C" bezeichnet) löscht das zweite von zwei Elementen:

K ab = a

Am interessantesten ist der Verdoppler **W** (vom englischen "W" = "double-you" = Doppel-V). Er verdoppelt das Argument einer Funktion:

W fx = fxx (= f(x,x) in konventioneller Schreibweise)

Setzt man W = f, wendet also W auf sich selbst an, dann ergibt sich ein Ausdruck, der sich ständig wiederholt:

WWx = **WW**x = **WW**x = ...

Hier taucht in der Theorie der Kombinatoren zum ersten Mal so etwas auf wie das Paradoxon vom lügenden Kreter oder vom rasierenden Dorfbarbier auf. Man könnte den obigen Ausdruck mit einem Programm mit Endlosschleife vergleichen:

```
1 PRINT "x"
2 GOTO 1
```

Wegen des Auftauchens des Unendlichen wird ein solcher Kombinator auch als Ω-Operator bezeichnet. **W** ist, wie man sagt, ein Fixpunkt von sich selbst. Fixpunkte haben wir bei der Konstruktion großer Zahlen schon öfter kennen gelernt. So war ε_0 ein Fixpunkt bezüglich der Exponentiation, θ ein solcher bezüglich der Indexierung.

Anstatt sich vor dem unendlichen Einsetzungsprozess zu fürchten oder Paradoxien zu vermeiden, hat *Curry* etwas Konstruktives daraus gemacht: Mit Hilfe dieses Ausdrucks konnte er einen Kombinator **Y** konstruieren, den **Fixpunktoperator**, der aus jeder beliebigen Funktion (= Kombination von Kombinatoren) ihren speziellen Fixpunkt herauslöst. Das bedeutet: **Y**, angewandt auf eine Funktion f, ist das Gleiche wie f, angewandt auf **Y** f. Oder als Formel:

$$\mathbf{Y}\, f = f(\mathbf{Y}\, f)$$

Y kann so definiert werden:

$$\boxed{\mathbf{Y} := \mathbf{WS(BWB)}}$$

(für mich die magischste aller Formeln!).

Für Bastler: Wir bezeichnen mit *a* eine beliebige Funktion (= Operator, Kombinator), mit *b* kürzen wir den Ausdruck **W(B***a***)** ab. Jetzt suchen wir den Fixpunkt von *a*, und der ist gleich *bb*, d.h., *a*, angewandt auf *bb*, ergibt wieder *bb*, oder als Formel: a(bb) = bb. Der **Y**-Operator macht's möglich. Angewandt auf *a* holt er *bb* heraus (und dabei ist *a* völlig beliebig!):

$\mathbf{Y}a = \mathbf{WS(BWB)}a =$
(Verdopplung von BWB durch **W**) = **S(BWB)(BWB)**a =
(Trennung von BWB durch **S**) = **BWB**a(**BWB**a) =
(Verschachtelung von WB durch **B**) = **W(B**a**)(W(B**a**))** =
(Einsetzen von b) = bb

also genau das, was wir behauptet haben.

Es ist wirklich verblüffend, dass ausgerechnet ein Operator ähnlich einer unendlichen Schleife in jedem anderen Operator einen Fixpunkt erzeugt. Wäre man philosophisch inkliniert (wie der Verfasser dieser Zeilen), dann könnte man ins Spintisieren verfallen (was der Verfasser dieser Zeilen nunmehr schamlos tut).

Der unruhige Mensch unserer Zeit sucht den Ruhepol in seinem Inneren, immer in der Hoffnung darauf, seinen persönlichen Fixpunkt zu entdecken. Auf dieser Suche begegnet er vielen Menschen, die das gleiche tun: Ständig rotieren sie gleichsam in sich, besitzen aber gerade dadurch die Möglichkeit, dem anderen wenigstens zeitweise zur inneren Ruhe zu verhelfen.

Der seelische Fixpunktoperator sieht dann so aus: Nimm die Dinge der Außenwelt in dich wie ein Wirbelsturm und transformiere sie, bis sie in den Mittelpunkt gezogen werden. Dadurch erhalten sie jene Stabilität, die sie immun gegen Veränderungen macht. Durch diese Festigkeit kannst du selbst dich wandeln. Den eigenen Fixpunkt aber findest du nur in dir selbst, nicht im anderen. Du kannst dich nirgends verankern. Deine Fähigkeit, dich und andere zu transformieren, ist das einzig Stabile in dir. Der Fixpunkt, den dir die Veränderung der anderen vorgaukelt, ist auf ewig unerreichbar. Nur das Ziel ist klar, der Weg dorthin dein Leben. Die Menschen deiner Umgebung können dir dabei helfen — oder du ihnen. Ihr seid ja keine statischen Inseln, sondern dynamische Veränderer.

Mit Hilfe der Kombinatoren ist es tatsächlich möglich, die gesamte Mathematik abzuleiten - aus nur zwei Grundkombinatoren, aus denen alle anderen zusammengesetzt werden können! Warum sich diese einfache, spielerische und widerspruchsfreie Theorie dann nicht durchgesetzt hat, dafür aber die komplizierte, undurchsichtige, von allerlei Widersprüchen geplagte Mengenlehre, das zu untersuchen wäre eine eigene Abhandlung wert. Die Mathematiker jedenfalls berufen sich auf den Fixpunktoperator als Ablehnungsgrund: Er produziere einen Widerspruch. Das tut er nicht, aber in der klassischen Logik gibt es ein kleines Problem. Auch die logische Verneinung (Negation) hätte einen Fixpunkt, was schwer vorstellbar ist oder zumindest eine Neu-Interpretation logischer Formeln erfordern würde. Das aber wollten die Mathematiker nicht, die das Sagen haben. Lieber jede Menge Widersprüche als eine Logik ohne Verneinung!

Zusammenfassung

Die **Mengenlehre** definiert sich über die Zugehörigkeit ihrer Teile zu einer Klasse, wobei alle Elemente als fertig vorliegend gedacht werden, ohne dass im einzelnen angegeben werden kann, wie diese Teile oder gar die Gesamtheit aussehen soll. Das entspricht dem Denken des Feudalismus und des Frühkapitalismus. Beim λ-**Kalkül** bzw. der **Theorie der Kombinatoren** geht es dagegen um Konstruieren und Berechnen, was sie für die Übertragung auf Computer besonders geeignet macht. Die beiden Theorien sind einfach, dynamisch, spielerisch, konstruktiv und widerspruchsfrei. Ihr erstaunliches Resultat ist die Konstruktion des **Fixpunktoperators**, der für jede beliebige Funktion einen Wert produziert, welcher durch die Funktion nicht verändert wird.

Nachspiel:
Der Berg ohne Vogel

*Nur dein Auge — ungeheuer
blickt mich's an, Unendlichkeit!*
Friedrich Nietzsche:
Nach neuen Meeren

Es war einmal ein Berg und ein Vogel ... und der Berg war immer noch da, der Vogel aber nicht. Seine Rasse war ausgestorben, und keine andere Vogelgattung war so dumm, die Aufgabe des einsamen Schnabelwetzers fortzuführen. So blieb der Berg, wie er war und was er war: ein unveränderlicher Berg; aber nicht mehr, wozu er war: Ein Zählerstand für den Fortgang der Ewigkeit. Seitdem kommt die Ewigkeit nicht voran. Ihre Sekunden sind für immer eingefroren, ihre Evolution versickert, ihr Fluss verdorrt, ihr Ziel verschwunden.

Ob das einen Unterschied macht?

Literatur

http://de.wikipedia.org/wiki/Hauptseite

http://mathworld.wolfram.com/topics/SetTheory.html

http://www.lotter.org/infinity/german/index.htm?ordinalzahlen.htm

Hier einige Bücher: *= allgemein verständlich, ** =Mathematik-Grundkenntnisse nötig, ***= nur für Mathematiker oder Mathematik-Studenten

Amir D. Aczel: **Die Natur der Unendlichkeit. Mathematik, Kabbala und das Geheimnis des Aleph.** rororo 2002. *
Sehr gute und verständliche Darstellung von Theorie, Geschichte und Biografien.

Das Unendliche. Spektrum Spezial, 2003. *
Ausgezeichnete Artikel über Spezialgebiete des Unendlichen.

John H. Conway, Richard K. Guy: **Zahlenzauber. Von natürlichen, imaginären und anderen Zahlen.** Birkhäuser 1997. *
Sehr schön gestaltetes Buch mit vielen farbigen Abbildungen und ungewöhnlichen Zahlkonstruktionen.

John H. Conway: **Über Zahlen und Spiele.** Vieweg 1983. **
Surreale Zahlen mit anspruchsvoller Mathematik.

Rudy Rucker: **Infinity and the Mind. The Science and Philosophy of the Infinite.** Birkhäuser 1982. **
Die beste Darstellung der großen transfiniten Kardinalzahlen, aber teils mit schweren mathematischen Geschützen.

Oliver Deiser: **Einführung in die Mengenlehre.** Springer 2004. ***
Die beste Darstellung der Mengenlehre und der transfiniten Kardinalzahlen bis zu den unerreichbaren Zahlen, aber nur für Mathematiker!

Julian Havil: **Suprising Solutions to Counterintuitive Conundrums.** Princeton University Press 2008. **

Gabriels Horn

oder

Pater Brown und die Apokalypse

Teil V: Fantasieren

Gabriels Horn
oder
Pater Browns Begegnung mit Gott

Eine Detektivgeschichte, mit Reverenz an *Gilbert Keith Chesterton*

$$x = (a\cos v)/u;\ y = (a\sin v)/u;\ z = u$$
Gleichung der Kurve "Gabriels Horn"

Der Engel der Aufforderung

Als Pater Brown den seltsamsten Fall seines literarischen Lebens
übertragen bekam, hätte er nicht gedacht, wie stark sein bisher so
gefestigtes Weltbild ins Wanken geraten würde. Seine Nachfor-
schungen bezüglich der verschwundenen Posaune eines bestimmten Engels brachten ihn mit Zweierlei in Kontakt: mit Mathematik,
die er, wie jeder anständige Mensch, verabscheute; und mit Gott,
den er, wie jeder gläubige Mensch, verehrte. Beide Konfrontatio-
nen entsetzten ihn: die mit der Mathematik, weil sie seine Vorur-
teile bestätigte; und die mit Gott, weil sie das Gleiche tat.

Als guter Katholik war Pater Brown dem bildhaften und leicht naiven Denken seines Glaubens verbunden. Schöne Worte und abstrakte Begriffe interessierten ihn weniger als Fabeln, Parabeln und
der Blick ins Innerste des Menschen. Deswegen wurde er ja Detek-
tiv. Auch seine Vorstellungen von Gott waren, er musste es
zugeben, eher kindlicher Natur, kompatibel mit den hübschen bun-
ten Zeichnungen seines Katechismus. Dort gab es Darstellungen
von Gott, die man, ins Moderne übersetzt, am besten als "Michel-
angelo light" bezeichnen würde. Gott war ein stattlicher Mann,
aber kein künstlerischer Kraftkerl; ein gütiger Patriarch der vikto-
rianischen Epoche, kein machthungriger Herrscher der Renais-

sance; ein eher wohlwollender Vater, kein strafender Richter. Und genauso sah der Weltenschöpfer dann aus, als ihm Pater Brown sozusagen von Angesicht zu Angesicht gegenübersaß.

Doch zunächst fing alles ganz harmlos an. Pater Brown saß an seinem Pult und verfasste die Predigt für nächsten Sonntag. Als Thema wählte er die Johannes-Apokalypse, also die ebenso symbolträchtige wie unverständliche Schilderung des biblischen Weltuntergangs. Das Kaminfeuer flackerte beruhigend, wurde allerdings (was Pater Brown nicht bemerkte) immer dunkler, und die Wärme umhüllte den einsamen Bewohner der kleinen Stube wie ein weihnachtliches Schaffell.

Wohlig gewärmt nickte der kleine Priester kurz ein, und als er wieder aufwachte, stand ein engelgleiches Wesen vor ihm, eine jugendliche, ätherische Erscheinung, deren Geschlecht nicht zu identifizieren war. Pater Brown hatte nicht gehört und nicht gesehen, wie der luftige Besucher sein Allerheiligstes betreten hatte, was er auf sein nachlassendes Gesicht plus Gehör zurückführte. Auch auf die Gefahr der Wiederholung sei es gesagt: Das engelgleiche Wesen sprach mit engelgleicher Stimme:

"Ich bin gesandt worden, euch abzuholen zu einem Fall, der nur von euch gelöst werden kann und in allerkürzester Zeit auch gelöst werden muss." Dann schwieg das Wesen, streckte Pater Brown eine Hand hin und wartete auf dessen Reaktion.

Pater Brown, der stets das Unerwartete im Alltäglichen fand, musste sich damit abfinden, dass das wirklich Unerwartete so alltäglich einherkam, als ob es jeden Tag geschah bzw. geschehen konnte. Und da er als gläubiger Katholik die Existenz von Wundern weder leugnen konnte (noch durfte) (noch wollte), blieb ihm nichts anderes übrig, die Dinge so zu sehen, wie sie erschienen, aber eigentlich nicht sein konnten: nämlich als Einbruch des Göttlichen ins Alltägliche. Etwas, das Pater Brown immer gepredigt und insgeheim auch für sein eigenes, eher dröges Leben erhofft hatte. Nun stand er da. Seine geheimen Wünsche waren in Erfüllung gegangen - oft das Schlimmste, was einem Menschen zustoßen kann.

So ergriff er die Hand des mädchenhaften Jünglings in der weißen Toga und konnte gerade noch flüstern: *Mein Regenschirm!* Doch die Engelsgestalt sagte nur: "Da, wo wir hingehen, brauchst du keinen Schirm." Woraus Pater Brown seufzend schloss, dass der Himmel nicht in England sei und England nicht im Himmel. *Ist auch nicht nötig, dachte er; sein Land konnte mit Fug und Recht als Paradies bezeichnet werden, und wer dort wohnt, braucht keinen Himmel.*

Den Rest der Geschichte wollen wir nur andeuten, denn eine "Himmelfahrt" zu beschreiben steht uns nicht zu, zumal uns dafür auch die Worte fehlen, da alle Menschen, die sie erlebt haben (also alle Verstorbenen) nicht mehr darüber berichten können. So viel sei gesagt: Das mit dem Lichttunnel stimmt nur teilweise, aber die Führer durch diesen Tunnel gibt es wirklich, zumindest im Fall des Pater Brown, der hatte ja sein knabenhaftes Mädchen mit den langen blonden Haaren. Am Ende der - eher gemächlich scheinenden Reise - jedenfalls erreichten die beiden ein riesiges Gebäude mit unzähligen Gängen, gigantischen Fenstern und wieselnden Massen menschenähnlicher Wesen. In den Gängen schwirrten - so erschien es unserem irdischen Besucher - Massen monströser weißer Fledermäuse mit abweisenden Menschengesichtern. Hinter den Fenstern sah er Wolken aus blauer Seide, die sich im Wind wölbten und weitere gigantische Gebäude zu umschließen schienen. Das Gewirr an Stimmen, Tönen, Geräuschen, musikalischen Fragmenten und pompösen Orgeltönen erinnerte ihn an das Ende einer seiner Messen. Nur dass es dort - im kleinen Dorf, wo er üblicherweise seinem beschaulichen Beruf nachging - wesentlich gesitteter zuging.

Pater Browns Himmelsfahrt

Schließlich landeten die beiden in einem kahlweißen Zimmer, dessen Wände aus Licht zu bestehen schienen und das äußerst kärglich ausgestattet war: Es gab im Prinzip nur Licht, nicht mal Wände. Dennoch war das kubische Gebilde von der Umwelt abgeschlossen, aber weder gemütlich noch beschützend. Nur lichtdurchflutet, extrem sauber und kalt. *Der Himmel kann warten*, dachte Pater Brown. *Das hier sieht mir mehr nach Fegefeuer aus. Obwohl, zu fegen gibt es hier nichts mehr, und von der vollkommenen Gegenwart und Liebe Gottes, die hier schon fühlbar sein sollte, bin ich wohl noch weit entfernt. Aber vielleicht fehlt mir auch die richtige Demut.*

Seine Begleitung schien die Gedanken des irdischen Besuches zu erraten, denn sie sagte mit sanfter Stimme: "Es wird alles so, wie Sie es gewohnt sind. Und da ich selbst auch nur eine Maske bin, können Sie sich wünschen, dass ich zu einem Begleiter Ihrer Wahl werde." Das ließ sich Pater Brown nicht zweimal sagen, und in der ihm eigenen beharrlichen Bescheidenheit sagte er: "Ich wünsche mir mein Arbeitszimmer als Behausung, und meinen alten Freund Flambeau als Begleiter." Und so geschah es: In der Zeit eines Wimpernzuckens waren Licht und überirdische Ordnung verschwunden. Pater Brown saß in seiner Dämmerhöhle auf seinem knarzenden Stuhl (das rechte Hinterbein würde demnächst der göttlichen Kraft entsagen und der irdischen Schwerkraft nachgeben), vom Schreibtisch verhöhnte die gewohnte Unordnung seinen ansonsten so klaren Verstand, vor ihm lag die zerschlissene Bibel, und hinter ihm dröhnte eine bekannte Stimme: "Brown, Mensch Brown, du alter Tattergreis, wo hast du denn die ganze Zeit gesteckt?"

Pater Brown drehte sich um, und ein Turm von Mensch stand vor ihm, nein, nicht *ein*, sondern *der*: Sein alter Freund Flambeau hob ihn aus dem Sessel (der nun endgültig einknickte), drückte ihn an seine umfangreiche Brust und setzte ihn dann vorsichtig auf dessen Schreibtisch ab, denn sonst war keine Sitzgelegenheit in Pater Browns Pseudostube.

Dies, dachte Pater Brown, war der Tagtraum eines Menschen, den die Hybris gepackt und in verbotene, ja geradezu sündige Gedankenwelten getrieben hatte. Anstatt weiter an der Predig zu feilschen, hatte der Diener Gottes eine Weile seinen Verstand verloren, indem er ihm freien Lauf ließ, und so hatten sich sündige Gedanken einer gottähnlichen Bedeutung breitgemacht, die eines demütigen Katholiken unwürdig sind. *So ergeht es dem Bescheidenen,* dachte Pater Brown, *der immer bescheiden bleiben will und nicht zugeben kann, dass auch in ihm der Teufel des Hochmuts steckt* - jener Hochmut, den der kleine Priester bei anderen instinktiv sofort erfühlte, bei sich selber aber verleugnete. Pater Brown wollte gerade schuldbewusst - er wollte irgendetwas tun, als sein Gegenüber zu ihm sagte: "Kein Traum, keine Sünde. Du bist tatsächlich hier, wo alles begann und enden wird. Nur - es wird nicht enden, und du sollst dafür sorgen, dass die Welt doch untergeht."

Das hab ich davon, dachte Pater Brown, *jetzt redet Flambeau so wie sonst ich, kryptisch und paradox.* "Nun halt mal die Luft an" sagte Flambeau in seiner direkten, derben, proletarischen Art. "Lass dir erzählen, was los ist, die himmlischen Heerscharen brauchen dich tatsächlich. Ohne dich geht die Welt *nicht* zugrunde, und das muss sie, laut Vorsehung."

So erfuhr Pater Brown, dass das "Gremium" beschlossen hatte, die Apokalypse auszurufen. Die Welt war nicht mehr in Ordnung, eine Strafe a la Sodom und Gomorrha reichte nicht mehr. Der Mensch hatte die ihm übergebene Welt fast vollständig ruiniert. Ließe man ihn noch einige Jahre schalten und walten, wäre die schöne Schöpfung Gottes endgültig dahin. Also blieb nur das Weltengericht, der endgültige Untergang, nicht wegen sündigen Verhaltens (das auch), sondern aus reiner Notwehr: Existierte die Erde nicht mehr als lebendes Wesen, hätten Gott und all die Heerscharen, die Ihm zu Dienste waren, ihre Existenzberechtigung verloren. Und das wollte niemand. Nochmal von vorne anfangen ging nicht, dazu war der "Alte" (wie er leider immer öfter respektlos genannt wurde) zu schwach. Seine Kreativität hatte sich in der Organisation, Gestaltung und Durchführung des Urknalls aufgebraucht (*Von was?* warf Pater Brown entgeistert dazwischen), und im übrigen lasse man den Weltenschöpfer auch schon seit längerem in Ruhe, zumal Er sich nicht mehr um die Belange der von Ihm geschaffenen Lebewesen kümmere. Ein "Gremium", eine Art Verwaltungsrat der obersten Engel und sonstigen gottähnlichen Mächte, hatte die faktische Herrschaft übernommen, wie es der neuen Zeit angemessen war. Ob Luzifer Aufsichtsratsvorsitzender des Gremiums geworden war, konnte Pater Brown nicht herausfinden; ungeachtet dessen war ihm klar, dass Seine Herrlichkeit weder herrlich noch die Seine war. Der Weltenschöpfer hatte sich in den äußersten Winkel seiner Welt zurückgezogen - wenn man in einem unendlichen Universum überhaupt von "Winkeln" reden kann - wo Er seine Tage und Nächte in ewiger Kontemplation verbrachte und nicht mehr ansprechbar war.

Zum Organisator des Weltuntergangs hatte man den ewigen Kämpfer gegen Dämonen und andere dunkle Wesen erwählt, den tüchtigen Erzengel Michael, dessen Schwert schon so manchen Bösewicht niedergestreckt hatte. Doch alles muss seine Ordnung haben, ein gottähnlicher Beschluss kann nur über die Einhaltung göttlicher Rituale ausgeführt werden. Und dazu gehört seine *Verkündigung*.

Für Verkündigungen war allein der sanftmütige Erzengel Gabriel zuständig, eine Tätigkeit, der es stets mit Eifer und Pflichtbewusstsein zu obliegen pflegte. Sein Verkündigungsinstrument bestand bekanntlich aus seinem berühmten Horn, einer Art Fanfare, deren Klang ebenso einschmeichelnd-melodisch wie furchteinflößend-dissonant sein konnte, je nach verkündetem Ereignis. Als demnach unser pflichtbewusster himmlischer Verkünder sein Horn aus dem gesicherten Versteck holen wollte, war dieses verschwunden. Und das ist ganz und gar unmöglich, technisch ebenso wie moralisch. Niemand würde sich an das Zeitschloss des Verstecks wagen; niemand konnte dieses manipulieren. Warum, das würde ihm, Pater Brown, der dafür zuständige Mathematiker erklären, und ansonsten hofften alle, der gelehrte Priester würde mit seiner Intuition und seinen unnachahmlichen detektivischen Fähigkeiten das Verschwinden des Horns aufklären, seine Wiederbeschaffung ermöglichen und der Apokalypse zum glücklichen Gelingen verhelfen.

Der Engel des Schwerts

Mit leichtem Unwohlsein im Herzen blickte Pater Brown seinem ersten Interview entgegen. Zwar war der kleine Priester nun endlich in jener Welt gelandet, in der er sich im Diesseits so zu Hause gefühlt hatte, dass er allen Nichtgläubigen diese Welt in lebhaftesten Farben schildern konnte. Doch als er nun, ganz unversehens, vom Diesseits der Vorstellungen ins Jenseits der Wirklichkeit katapultiert wurde, da fühlte er sich reichlich verloren. Ein Bewohner der Grönländischen Schneewüste würde sich am Meeresgrund eher zu Hause fühlen als der Priester Gottes in dessen Reich.

Erzengel Michael

Seine erste Begegnung mit den himmlischen Scharen war eher glimpflich verlaufen, dank seines sensiblen, wohlwollenden, zurückhaltenden Begleiters, der sogar Gestalt und Gehabe seines besten Freundes angenommen hatte, nur um keine Unruhe des Herzens aufkommen zu lassen. Die Geborgenheit einer vertrauten Beziehung würde ihm indes bei der Konfrontation mit dem Erzengel Michael total fehlen. Schon in der Bibel - und erst recht in katholisch-katechismischen Erzählungen - wurde Michael als eher unangenehme Erscheinung beschrieben. Unangenehm für seine Feinde; von seinen Freunden war nie die Rede. Zwar stand er dem anderen Verkünder glücklicher und unglücklicher Umstände, dem Erzengel Gabriel, offenbar ziemlich nahe, doch das sagte nichts über seinen Umgang mit anderen Unsterblichen (zu denen sich Pater Brown bei aller Bescheidenheit zählte). Wer nichts anderes gelernt hat, als Befehle von oben anzunehmen und prompt auszuführen; und wer dabei zu eher aggressiven Handlungen sich gezwungen sah, der würde kaum besondere Achtung vor Individuen haben, die er nicht kannte, die nicht auf seiner Höhe der Hierarchie standen und über deren Behandlung es keinerlei Instruktionen von oben gab.

Zudem kannte Pater Brown seine Bibel, und mit Schrecken memorierte er die Beschreibung des Propheten Daniel, als dieser eines Erzengels gewahr wurde:

Und ich erhob meine Augen, und siehe, da war ein Mann, in Leinen gekleidet, und seine Hüften waren umgürtet mit Gold. Und sein Leib war wie ein Türkis und sein Gesicht wie das Aussehen eines Blitzes. Und seine Augen waren wie Feuerfackeln und seine Arme waren wie der Anblick von glatter Bronze. Und der Klang seiner Worte war wie der Klang einer Volksmenge. ... Und es blieb keine Kraft in mir, und meine Gesichtsfarbe veränderte sich an mir bis zur Entstellung. Und ich hörte den Klang seiner Worte. Und als ich den Klang seiner Worte hörte, lag ich betäubt auf meinem Gesicht, mit meinem Gesicht zur Erde.

Wie es so kommt: Pater Browns Befürchtungen wurden noch um einiges übertroffen. Pater Brown hatte Zeit seines Lebens mit unbeherrschten Männern von gewaltiger Kraft (Flambeau) und mit Mördern von großer Heimtücke zu tun gehabt, vor ihnen aber nie Angst gezeigt. Nun war die Zeit gekommen, dass sich in das große Herz des kleinen Priesters so etwas wie himmlische Furcht schlich, als er den Erzengel und seine Umgebung wahrnahm.

Doch in dem Augenblick, als der die Erscheinung des Drachentöters - in glänzender Rüstung, ganz in Rot, mit Flammenschwert und Flammenblick - erblickte, wusste er mit dem ihm eigenen Instinkt: Da stimmt etwas nicht. Zu sehr entsprach das Bild seinen Klischeevorstellungen, zu sehr war alles, wie es sein sollte. Für Pater Brown immer ein untrügliches Zeichen dafür, dass die Wirklichkeit ganz anders war und er nach dem, was unterhalb der sichtbaren Oberfläche lag, zu forschen hatte. Aber, so kam ihm sofort ein anderer Gedanke, vielleicht gab es keine andere Möglichkeit, dass sich das Himmlische einem Irdischen eröffnet, denn wie soll letzterer das sehen, was ersterer niemals sein kann? Kurzum, Pater Brown begrüßte die gigantische Erscheinung mit der ihm eigenen bescheidenen Höflichkeit.

"Euer Ehren, ich entbiete meinen demütigen Gruß."

Die Gestalt vor ihm richtet einen Blick abgründiger Verachtung auf ihn, vielmehr, der Engel sah durch ihn hindurch und sagte mit schneidender Stimme: "Wer ist er?"

"Wer? Er? Der Weltenschöpfer?"

"Er, da unten."

"Gott ist oben".

"Ich rede nicht von Ihm, sondern von ihm!"

"Von wem?"

"Von ihm!" donnerte Michael.

"Von mir?" fragte Pater Brown.

"Er hat drei Worte, dann wird er in den Orkus geschleudert!"

Pater Brown überlegte kurz und sagte dann: "Die Apokalypse findet statt." "Durch mich." fügte er freundlich hinzu.

Das saß. Wegen der überirdischen Optik war sich Pater Brown nicht ganz sicher, dass das, was er sah, auch das war, was geschah. Doch er hatte das Gefühl, die Gestalt vor ihm schrumpfe zu normaler (wenngleich immer noch überirdischer) Größe zusammen. Der Erzengel sah ihn zum ersten Mal an und schien etwas von seiner überirdischen Arroganz verloren zu haben. "Wie das?" fragte er mit fast normaler Stimme.

"Ich bin geholt worden" formulierte Pater Brown sorgfältig, "um das Verschwinden von Gabriels Horn aufzuklären."

"Ah, das wird auch höchste Zeit, was verschwendet er dann noch seine Zeit!"

Pater Brown gab nicht auf, nicht vor diesem Schnösel, Erzengel oder nicht. "Wer?" fragte er scheinheilig, und als er als Antwort nur flammendes Schweigen erhielt, stieß er nach: "Wollen wir nicht höflich miteinander umgehen? Nur weil ich kein Erzengel bin (nicht einmal ein Engel), bin ich trotzdem ein Individuum und möchte auch als solches behandelt werden. Sonst gibt's keine Apokalypse."

Bei Gott, Entschuldigung: bei allen höheren Wesen: Der Erzengel schien sich aufzublähen. Sein Köper nahm die Form eines Fasses an, Haut und Gesicht wurden karmesinrot, und Pater Brown fürchtete, das Wesen vor ihm werde demnächst platzen. Nachdem der lebensbedrohliche vulkanische Zustand einige Sekunden anhielt, schien es, als entweiche die Luft aus einem aufgeblasenen Luftballon. Mit dem Erzengel vollzog sich eine erstaunliche Metamorphose. Er schrumpfte weiter, bis er beinahe die Ausmaße des kleinen Priesters erreicht hatte. Seine Flammenrüstung wich einem grauen Anzug, sein Schwert verwandelte sich in eine kleine Schlange, die zu seinem Hals hochkroch und sich dort als friedliche, gepunktete Krawatte niederließ, und die Füße steckten nicht mehr in unförmigen Eisengaloschen, sondern in sorgfältig geputzten und gewichsten schwarzen Schuhen.

"Mein Name ist Michael" sagte das Wesen vor ihm mit freundlicher Stimme, "das ist eine Frage und bedeutet: Wer ist wie Gott?"

"Mein Name ist Brown" sagte der kleine Priester mit freundlicher Stimme, "das ist eine Farbe und bedeutet: Wer sieht mich?" Und er dachte: *Bestimmt das Denken die Realität, oder ist es umgekehrt? Hält er sich für Gottähnlich, so wie ich mich für unscheinbar erkläre? Oder bauen wir nur unsere Illusionen von uns selber auf?*

Nachdem also dieser Schlagabtausch eine gewisse Gleichwertigkeit der beiden ungleichen Persönlichkeiten hergestellt hatte, erfuhr Pater Brown ein wenig über das, was bisher vorgefallen war. Viel geholfen hat es ihm nicht, Überraschendes war nicht dabei, Aufklärendes schon gar nicht. Das Gremium hatte den Weltuntergang beschlossen, auf Anraten von und Vorschlag durch ihn, Michael. Lange genug hatte er dem sündigen Treiben auf den Kontinenten der Erde zugesehen. Insbesondere die Sünden wider die Natur, begangen von Anhängern der abrahamitischen Religionen, also von Juden, Christen und Muslimen, hätten ihn, den gottgleichen (nur der Frage nach) sehr erzürnt. Dabei wurde der Begriff "Sünde" schon seit langem nicht mehr im kleinlichen Sinn einer Thora, eines Katechismus oder eines unzeitgemäßen Korans interpretiert. "Sünde wider die Natur" war auch nicht die Verhinderung einer Zeugung (für die Onan noch bestraft worden war), denn das Volk Israels hatte in schrecklichen Zeiten bewiesen, dass es trotz Hölle auf Erden überleben konnte, und außerdem waren ohnedies zu viele Menschen auf dieser Welt. Der Weltenschöpfer hatte die Erde nicht nur für den Menschen geschaffen. Oder wenn doch, dann für einen Menschenschlag mit Verantwortungsbewusstsein für die gesamte Schöpfung, nicht einen maßlosen Egoisten, der durch Zerstörung der Umwelt sich selbst und allen anderen Lebensformen (bis auf die Bakterien) die Lebensgrundlage entzog.

Zudem war die Weltenwende (ein euphemistisches Wort für Weltuntergang) im göttlichen Heilsplan vorgesehen, auch wenn niemand wusste, wann sie stattfinden sollte. Nur Er könnte den genauen Zeitpunkt wissen. Doch da Er sozusagen gar nicht mehr wirklich existierte und auch anzuzweifeln war, ob ihn das Schicksal seiner Schöpfung überhaupt noch interessierte, konnte niemand sagen, wann denn der göttliche Plan in die Tat umgesetzt werden sollte. Da aber alles vorherbestimmt war, musste irgendwann dem Plan die Tat folgen, und Michael meinte, der Zeitpunkt sei so günstig wie noch nie. Es gelang ihm, das Gremium davon zu überzeugen, und der Vorsitzende, eine Lichtgestalt sondergleichen, fasste den Beschluss in den Worten zusammen: "Die Zeit ist gekommen." Solche Worte waren typisch für ihn, auch wenn sonst nichts Typisches an ihm zu erkennen war. Jedenfalls gab es lange Diskussionen darüber, in welcher Form der Weltuntergang ablaufen sollte. Doch da man sich, immer noch, dem jüdisch-christlichen Glauben verbunden fühlte, wurden Daniels Offenbarungen aus der Bibel und die Apokalypse des Johannes aus den Evangelien zum Vorbild genommen. Die dort geschilderten Ereignisse sollten von einem Fachgremium begutachtet und in praktische Handlungsanweisungen umgesetzt werden - ein Unterfangen, das sicherlich einige Zeit in Anspruch nehmen würde, zumal das "mystische Gefasel" (ein Ausspruch des Gremium-Vorsitzenden) alles andere als klar war.

Doch all das scheiterte an *der* Handlung, die selbstverständlich auf jeden Fall als erste vollzogen werden musste: an der Verkündigung. Denn Gabriels Horn (eine Mischung aus Fanfare und Posaune), das Instrument der Wahl für alle Arten von Ansagen, war verschwunden. Mehr noch: Jemand hatte das wertvolle Instrument aus seinem unzugänglichen Versteck entwendet, dabei das unknackbare Schloss geknackt und das überall sichtbare, alles überstrahlende Instrument dort versteckt, wo es niemand finden konnte. Diesen Ort gab es nicht, und überhaupt, das Ganze war schlicht und einfach unmöglich.

"Und wie ist das geschehen?" fragte Pater Brown. "Da musst du den Gabriel fragen." sagte Michael.

Der Engel der Verkündigung

Pater Brown fühlte sich inzwischen nicht mehr ganz so fremd in der Welt überirdischer Mächte, zumal diese sich als mit durchaus irdischen Schwächen behaftet entpuppten. Als er deswegen den Erzengel Gabriel aufsuchte, war ihm nicht mehr bange. Die Feuerprobe eines engelhaften Dialogs hatte er ja mit dem Teufelsbezwinger bereits bestanden.

Wiederum entsprach Gabriel erst einmal den Klischees seiner naiven Vorstellung. Er trug ein rundliches Mondgesicht auf dem Kopf und ein zieliertes Mond-Schmuckstück um den Hals. Seine hellblaue Robe, mit Lilien bestickt, fiel locker um die weichen, etwas eingefallenen Schultern. Er saß eher zusammengesunken auf einem - Wasserbett? - und wiegte sich hin und her, wie ein angeketteter Elefant im Käfig. Sein Gesichtsausdruck war so wie der eines Kindes, das lange versucht, das Weinen wegen eines verlorenen Eisbechers zurückzuhalten, aber jeden Augenblick losheulen könnte. Abwesend sah Gabriel irgendwohin in die Unendlichkeit.

"Euer Ehren" begann Pater Brown, "ich entbiete meinen demütigen Gruß."

Keine Antwort. Vorsichtig setzte Pater Brown seinen Monolog fort. "Mein Name ist Brown, und ich bin beauftragt, euer verschwundenes Horn zu suchen."

Wieder keine Antwort. Pater Brown seufzte und stieß nach: "Ein bisschen Hilfe eurerseits würde bei der Aufklärung der Angelegenheit sehr behilflich sein."

Da drehte sich Gabriel um, sah Pater Brown mit samtbraunen Augen an und sagte tränenerstickt: "Ach ich Armer!"

Erzengel Gabriel

Dem hatte Pater Brown nichts entgegen zu setzen, und so schwieg er und überlegte, wer ihm welches Theater vorspielte. Aber vielleicht war das alles kein Theater, sondern eine sonderbare Wirklichkeit, eine Mischung aus edelsten Motiven und primitivsten

Ängsten. Waren diese Engel vielleicht nur Abbilder irdischer Unzulänglichkeiten? Wo blieb dann das Göttliche? Aber Engel waren keine Götter, das wusste der schwarzgekleidete Priester. Nur, was waren sie dann und wie sollte man mit ihnen umgehen? Pater Brown verließ sich, wie immer, auf seine Intuition und fragte schlicht: "Was ist passiert?"

Ein Strom brach sich Bahn im Herzen des Erzengels, ein Schwall von Worten ergoss sich über Pater Brown, eventuell wertvolle Erkenntnisse, die der Aufklärung dienen könnten, ertranken im Meer weinerlicher Worte.

"Das ist so typisch, du musst wissen, immer muss ich die Sache ankündigen, egal was. Das mit Sodom und Gomorrha war schon schlimm genug, aber dann konnte ich wenigstens der Maria sagen, dass sie den Sohn Gottes gebären wird. Mann, hat die gestaunt! Wieso ich, hat sie gefragt, aber was sollte ich dazu sagen? Ich hab sie ja nicht ausgewählt, ich bin nur der Verkünder, mich fragt ja keiner. Wieso nicht? hab ich geantwortet und sie dann beruhigt: Es wird ihm gut gehen bis an sein Ende. Wirklich? hat sie gemeint, und ich hab nichts mehr gesagt, denn es stimmt ja, aber das mit dem Ende … Wir waren alle furchtbar traurig, auch wenn es hat sein müssen …Wo war ich stehen geblieben?"

"Nirgends" sagte Pater Brown.

"Ach ja, und vorher der Zacharias. Dem hab ich gesagt, Zacharias, hab ich gesagt, dein Eheweib (heute würde ich sagen: deine Frau, naja, vielleicht auch deine Gattin, je nach Wohnort), also hab ich ihm gesagt, deine Frau Elisabeth wird die Mutter von Johannes dem Täufer werden. Der hat gestaunt! Er hatte keine Ahnung, wer ich bin, und schon gar nicht, das sein Sohn Täufer sein wird, wie auch, er wusste ja gar nicht, was das ist. Der wollte lieber einen Beschneider als Sohn, aber von der Sorte gibt's genügend. Wieso ich, hat er gefragt, aber was sollte ich dazu sagen? *Ich* hab ihn ja nicht ausgewählt, ich bin nur der Verkünder, mich fragt ja keiner. Wieso nicht? hab ich geantwortet und ihn dann beruhigt: Es wird ihm gut gehen bis an sein Ende. Wirklich? hat er gemeint, und ich hab nichts mehr gesagt, denn es stimmt ja, aber das mit dem Ende ... Wir waren alle furchtbar traurig. Äh, worum geht es denn?"

"Um euer Horn."

"Ach ja, die verdammte Tröte. Apropos, wusstest du, dass ich den Neugeborenen zwischen Nase und Oberlippe meinen Finger drük-ke, um sie zu daran zu erinnern, nichts von mir zu erzählen? Das tut aber eh niemand, wie sollte er auch. Außerdem find ich das schade, dann könnten sie nämlich schildern, wie ich wirklich aus-sehe. Es ist unverschämt, wie die mich immer malen: mit 'nem Frauengewand und 'ner Lilie. Dabei hasse ich diese blöden Klei-der, ich bin schließlich ein Mann, und Lilien riechen so abscheu-lich. Der Mike hat vor kurzem gesagt, ich nenne ihn Mike, weil, wir haben mal - äh, wo bin ich stehen geblieben?"

"Auf Eurer Trompete."

"Posaune, Mann, eigentlich Fanfare, auf keinen Fall ein Horn. Klingt wirklich toll, mit dem richtigen Ansatz, das muss man ler-nen, aber ich hab ja genügend Zeit gehabt. Wenn ich nämlich ein wenig seitlich hineinblase, dann krieg ein bisschen das Brüllen von einem Löwen hin. Dazu muss ich aber -"

"Und wo ist die Fanfare jetzt?"

"Das weiß *ich* doch nicht! Es ist eine Frechheit, ich soll den ganzen Sums anblasen, und dann ist das Dings gestohlen. Was hast du damit zu tun?"

"Ich soll es finden."

"Lass dir Zeit. Einmal Sodom und Gomorrha, das reicht. Das mit der Apokalypse, das wird reichlich unappetitlich werden."

"Aber vielleicht könntet Ihr mir helfen?"

"Ganz bestimmt nicht, ich muss mich um meine Kinder kümmern. Außerdem hab ich keine Ahnung, wie das verdammte Schloss auf-geht."

"Und wer weiß darüber Bescheid?"

"Dieser Morbius, oder wie er heißt, der Mathematiker."

"Wo finde ich den?"

"Bei uns findet niemand irgendwen, du wirst gefunden, Kleiner. Du brauchst nur laut zu rufen, na, sagen wir, $2 \times 2 = 5$, dann kommt er angerast. Das lässt er sich nämlich nicht bieten!"

Der Engel der Zahlen

Die Begegnung mit dem Mathematiker war wieder voller Überraschungen. Erst mal sah dieser völlig anders aus, als sich Pater Brown ihn vorgestellt hatte. Woraus dieser schloss, dass jener echt sein musste und nicht nur seiner reichen Vorstellungskraft entsprach. Für Pater Brown, der nie einen Mathematiker in seinem Beichtstuhl beherbergt hatte (Mathematiker beichten nur ihre Rechenfehler - aber nicht einem Priester) - für Pater Brown waren Mathematiker dünnleibige, hohlwangige Männer mit einer riesigen Brille und wenig Haaren. Ihr Blick ging - nach der Vorstellung des kleinen Priesters - ins Unendliche, ihre geistige Heimat, und sie sahen, seiner Meinung nach, den winzigen Ausschnitt der Welt, der für sie relevant war, mit einer ebenso verbissenen wie verrückten Hingabe.

Doch die Gestalt vor ihm sah eher aus wie ein irischer Kneipenwirt. Sie - vielmehr er - hatte dichtes dunkles Haar, war breit, fast stämmig, glich mit seinen Prankenhänden und seinem kantigen Gesicht einem Amatörboxer oder einem Vorstadtganoven. Die Augen des Mathematikers waren wach, ihr Blick eher listig denn verrückt, auf sein Gegenüber gerichtet und nicht in unzugängliche Regionen des Verstands.

Möbius, der Mathematikus

"Sie sind Pater Brown?" fragte die Gestalt mit tiefer Stimme. "So ist es." entgegnete der Priester. "Und mit wem habe ich die Ehre?" "Nennen Sie mich Möbius" meinte der Mathematiker, "der Name ist wohlklingend und neutral."

"Sie legen Wert auf Neutralität?"

"Nun ja, heutzutage muss man aufpassen ... Ich nehme an, Sie wollen das Verschwinden der Posaune aufklären?"

"Von 'wollen' kann keine Rede sein. Ich wurde von höchster Stelle dazu berufen."

"Jaja, wenn die da oben einmal was beschlossen haben, dann wollen sie's auch durchziehen. Aber dass sie ausgerechnet auf Sie gekommen sind ..."

"Was finden Sie an mir so mangelhaft?"

"Ihre Mathematikkenntnisse."

"Brauche ich die?"

"Und ob! Sonst können Sie nicht begreifen, wie das Gerät verschlossen wurde."

"Aber Sie wissen Bescheid?"

"Ich habe das Schloss mit entwickelt."

"Dann wissen Sie, wie man es geöffnet hat?"

"Ich weiß, wie man es öffnen **kann**, nicht, wie es tatsächlich geschehen ist. Schon gar nicht wann, von wem und wozu."

"Ich habe mal gelesen" sagte Pater Brown, "ein Mathematiker ist ein Blinder in einem dunklen Raum, der eine schwarze Katze sucht, die gar nicht da ist."

"Mag sein" entgegnete der Mathematiker, "aber gerade für Sie, die Sie die Logik mathematischer Beweise sicherlich ablehnen, könnte der Ausspruch eines tiefgläubigen Menschen Ansporn zur Beschäftigung mit der Königin der Wissenschaften sein: *Die geometrischen Figuren sind Vernunftdinge. Die Vernunft ist ewig. Also sind die geometrischen Figuren ewig, und von Ewigkeit war das Wahre im Geiste Gottes.*"

"Wer sagte das?"

"Johannes Kepler."

"Ah, ein deutscher Protestant. Ich bin ein englischer Katholik."

"Mathematik kennt keine Glaubensgrenzen. Es gibt schließlich auch keine jüdische Mathematik, obwohl das manche behauptet haben. Außerdem sind Sie doch auch auf der Linie der Mathematiker."

"In welcher Hinsicht?"

"Der große Schweizer Mathematiker Leonhard Euler hat einmal gesagt: *Diese Wissenschaft gibt uns die zuverlässigsten Regeln, wer sich von ihnen leiten lässt, braucht sich vor Sinnestäuschungen nicht zu fürchten.*"

"Ich fürchte, diese Art von Sinneseindrücken ist für meine Detektivarbeit eher nutzlos."

"Dann will ich einen Geistlichen zitieren, dessen Logik Sie sich nicht entziehen können. Nikolaus von Cues hat gesagt: *Das Wissen vom Göttlichen ist für einen mathematisch ganz Ungebildeten unerreichbar.*"

"Mich interessiert das Menschliche mehr als das Göttliche" sagte Pater Brown. "Außerdem hat der große Heilige Augustinus die Mathematik verdammt. Er sagte doch: *Der gute Christ soll sich hüten vor den Mathematikern und all denen, die leere Voraussagen zu machen pflegen, schon gar dann, wenn diese Vorhersagen zutreffen. Es besteht nämlich die Gefahr, dass die Mathematiker mit dem Teufel im Bunde den Geist trüben und in die Bande der Hölle verstricken.*" (Pater Brown staunte über sein eigenes Wissen. Da war irgendeine göttliche Inspiration im Spiel!)

"Ja, aber damit meinte er nicht das, was wir heute als 'Mathematiker' bezeichnen, denn die hießen damals 'Geometer'. Er meinte die Astrologen."

"Das sind diejenigen, die sich einbilden, die Zukunft voraussagen zu können. Tun *Sie* das nicht auch?"

"Und ob! Ich behaupte, meine Wissenschaft kann die Handlungen von Menschen berechnen. Wenn ich das mal bei Ihnen ausprobieren darf ... Sie denken gerade, dass ich allein derjenige sein konnte, der das Schloss heimlich öffnete."

"Gut erkannt, wirklich erstaunlich! Und was könnte ich noch denken oder tun?"

"Ja, zum Beispiel - " Und plötzlich begann der Mathematiker hemmungslos zu lachen. Er konnte sich nicht fassen, begann, seinen umfangreichen Bauch zu halten, der auf und ab wippte, und übertönte mit seinem Dröhnen jegliches himmlische Gesäusel.

"Zum Beispiel" prustete der große Mann, "als nächstes wollen Sie Ihn persönlich verhören!"

"Wie haben Sie das erraten?" fragte Pater Brown mit sanfter Stimme.

Der Mathematiker wurde abrupt ernst. "Wollen Sie mich veräppeln?"

"Nein, warum? Ist der Gedanke so außergewöhnlich?"

"Für Ihren Charakter schon."

"Welchen Charakter habe ich denn?"

"Sie wurden mir als ein Ausbund an Bescheidenheit geschildert."

"Eben darum kann ich mir einen solchen Wunsch auch leisten."

"Daraus wird nichts, denn niemand, keine Seele im ganzen Universum, weiß, wo Er sich aufhält."

"Das stimmt nicht" entgegnete Pater Brown. "Zumindest eine Person weiß das."

"Was, wer?"

"Er."

Der Mathematiker sah Pater Brown mit einem Blick an, der einen Hauch von Hochachtung verströmte. "Alle Achtung, Sie können ja denken wie unsereins. Ich glaube, für Sie gilt auch der Spruch des deutschen Dichters Johann Wolfgang von Goethe -" "*Schon wieder ein Deutscher*" seufzte Pater Brown im Geiste - "Er ist ein Mathematiker und also hartnäckig."

"Dazu" meinte Pater Brown "kann ich mich bekennen."

"Dann will ich Ihnen die Funktionsweise des Schlosses erklären, soweit ich das kann. Allerdings, Sie werden's kaum kapieren."

Der Mathematiker hatte Recht, und die Begriffe rauschten an Pater Brown vorüber wie welke Blätter im Herbststurm: schön, aber unfassbar. Doch musste er Herrn Möbius zugutehalten, dass er sich sehr bemühte und seine Gedanken auch immer wunderbar veranschaulichte. In dessen weißgetünchten Raum war nämlich an einer Wand eine Art Projektionsfläche für des Mathematikers Gedanken. Wenn er mit seinen Händen diverse Dinge beschrieb, leuchteten farbige Lichter in, hinter und vor der Wand auf, bewegten sich, glitten aneinander entlang wie Schlangen beim großen Paarungsakt, verfärbten sich wie eine Herde Chamäleone, wogten wie die Wellen des Meeres bei Windstärke acht, und ab und zu ragte eine leuchtend rote Säule in den Himmel, die der Mathematiker dann als "Nullstelle" bezeichnete, obwohl sie scheinbar ins Unendliche ging.

Das Schloss, so erinnerte sich Pater Brown später vage, konnte nur geöffnet werden, wenn eine "Nullstelle" der "Riemannschen Funktion" (schon wieder ein Deutscher) gefunden wurde, die aber nicht dort lag, wo sie liegen sollte. Das allein aber genügte nicht, denn zur gleichen Zeit, da diese Zahl gefunden wurde (was alles andere als trivial wäre, wie ihm der Mathematiker versicherte), müssten Lage und Geschwindigkeit eines einzelnen Atoms bestimmt werden, welches just in diesem Moment als Zerfallsprodukt irgendeines obskuren Elements davonflog - ein Vorgang, der, so versicherte ihm der Mathematiker, theoretisch nicht möglich ist, praktisch aber schon, wenn man - hier hörte Pater Browns Verständnis auf, zu Recht, denn er hatte das Gefühl, auch der Mathematiker missbilligte die Angelegenheit, zumal für ihn etwas, das theoretisch unmöglich ist, praktisch nicht möglich sein kann. Schließlich: Wer beweist, dass 2 + 2 nicht gleich 5 ist, kann nachher nicht behaupten, er hätte zwei Äpfel und nochmals zwei Äpfel nebeneinander gelegt und dann fünf rosige Äpfel auf den Tisch gezaubert. Kurzum: Die Sache war äußerst schwierig, eigentlich unmöglich, aber der Mathematiker konnte sie, im Verein mit einem speziellen Physiker (der aber nur zum Messen angestellt war) sowie einem obskuren Gerät namens "Computer" in endlicher Zeit lösen. Also sozusagen praktisch gar nicht, in Wirklichkeit irgendwie unter Umständen aber schon.

Pater Brown bedankte sich höflich für die verständnisvolle Auskunftsbereitschaft des Mathematikers und fragte ihn zuletzt, da er, der logisch denkende Mensch (vielmehr Engel) sich doch auch mit dem Unendlichen beschäftige, und Gott ja wohl irgendeine Form der Unendlichkeit wäre, wie er sich also das höchste Wesen vorstelle.

"Als elementare Einbettung in sich selbst" entgegnete der Mathematiker ohne   Zögern und hub an, die Sache ausführlich-algebraisch zu erklären, was Pater Brown zum Schweifen seiner Gedanken sozusagen ins Unendliche anregte. Immerhin stellte er nachher eine Frage, die in ihrer klaren Logik den Mathematiker wiederum verblüffte. "Dann heißt das" sagte Pater Brown, "dass Gott für sich selbst existiert, die Welt aber etwas ganz anderes ist?"

"Richtig!" rief der Mathematiker erfreut (endlich jemand, der ihn verstand!). "Eine elementare Einbettung in sich selbst kann in der Wirklichkeit nicht existieren, da sie nur aus Widersprüchen besteht. Deswegen muss man ihr auch jedwege mathematische Existenz absprechen. Nur in sich selbst eingebettet besitzt sie eine Art unbegreifliche Realität. Schon die Scholastiker des Mittelalters haben die vielen Widersprüche in Gott bemängelt, zum Beispiel die Sache mit der Allmacht und dem schweren Stein: Kann Gott einen

Stein erschaffen, der so schwer ist, dass Er selbst ihn nicht heben kann? Wenn ja, ist er nicht allmächtig. Wenn nein, ist er auch nicht allmächtig."

"Und wenn gelegentlich?" fragte Pater Brown sanft.

"In der Logik gibt es kein 'gelegentlich'."

"Aber vielleicht bei Gott? Es steht nirgends geschrieben, dass Gott sich an irgendwelche Gesetze halten muss, auch nicht an die der Logik."

"Das versuche ich ja gerade zu erklären. Als Gott die Welt erschuf, musste Er aus sich herausgehen. Aber die Welt konnte nicht Seinen Gesetzen gehorchen, dann wäre sie in sich widersprüchlich und absolut gesetzlos, und sie müsste augenblicklich in sich zusammenfallen. Deswegen muss man trennen zwischen Ihm und der Welt. Was die Gelehrten des Mittelalters ja auch taten, während spätere Grübler diese Einsicht verloren."

Pater Brown bedankte sich für vielen philosophischen Erkenntnisse und stellte zuletzt die entscheidende Frage. "Gibt es außer Ihnen noch jemand, der das Schloss öffnen könnte?"

"Niemand." entgegnete der Mathematiker selbstbewusst.

"Und - haben sie das Schloss geöffnet?"

"Das würde ich niemals ohne Auftrag tun. Ich bin Mathematiker, nicht Weltenschöpfer, Weltenlenker oder Weltvernichter."

"Wenn alle so bescheiden wären wie Sie, wäre die Welt nicht in einer so misslichen Lage." sagte Pater Brown hintergründig.

"Wenn alle so selbstbewusst wären wie ich" meinte der Mathematiker, "wäre die Welt in einer viel besseren Lage."

Wenn ich Gott wäre, dachte Pater Brown, *würde ich die Bedeutung der Worte wieder herstellen.*

Der Engel der Firma

Das Zimmer, nein: das Herrschaftsgebiet des Vorstandsvorsitzenden der "Firma" glich dem Traum eines jeden Befehlshabers, oder dem Alptraum jedes Untergebenen. Endlose Reihen graugrüner Schreibtische erstreckten sich, perspektivisch angeordnet, ins Unendliche. Jeder Tisch war bedeckt mit einer olivbraunen Schreibmatte, und dahinter saß jeweils ein Wesen mit grünlich-grauer Gesichtsfarbe, ausdruckslos und schweigend. Über der unwirklichen Szenerie herrschte die Stille absoluter Untertänigkeit. Niemand rührte sich, niemand muckte auf oder beugte sich hinab, doch jeder schien intensiv zu arbeiten, wenngleich nicht sichtbar wurde, was oder wie oder wofür. Die perspektivische Sicht erinnerte Pater Brown an einen Soldatenfriedhof, den er einmal besucht und der ihn sehr beeindruckt hatte. Eine apokalyptische Szenerie, dachte Pater Brown. Sie enthüllt den Geist der Firma. Einen Weltuntergang braucht es dazu gar nicht mehr.

So in philosophische Gedanken versunken überhörte er das sanfte Schwirren hinter seinem Rücken. Als er sich umdrehte, stand der Chef der Firma vor ihm, leibhaftig und in voller Größe. "Willkommen in meinem Reich" begrüßte ihn der Chef mit unangenehm dünner Stimme. "Wie schön, dem berühmten Aufklärer geheimer Seelenkammern persönlich zu begegnen."

"Sie haben vorher noch nie von mir gehört." sagte Pater Brown.

"Stimmt" entgegnete der Chef großzügig, "aber ich habe mich kundig gemacht. Seit zehn Minuten (Ihrer Zeit) weiß ich alles über Sie. Umso mehr freue ich mich, Ihnen nun persönlich - Sie sehen übrigen genauso aus, wie man Ihren Charakter geschildert hat."

"Welchen Charakter habe ich denn?"

"Sie wurden mir als ein Ausbund an Bescheidenheit beschrieben."

"Das trifft für Sie offenbar nicht zu."

Luzifer

"Nun ja, um eine so große Firma effektiv leiten zu können, braucht man Übersicht und rasche Entschlusskraft."

"Und das hier" sagte Pater Brown und umfasste mit seiner Rechten die Unendlichkeit der Untertanen, "ist Ihre Welt?"

"Nicht direkt" gab der Chef zu. "Die habe ich nur für Sie erschaffen. Ich dachte, Sie würden so etwas vom Vorstandsvorsitzenden einer großen Firma erwarten."

"Wie groß ist denn Ihre Firma?" fragte Pater Brown, während der Chef den olivbraunen Teppich sowie die Unmasse an Schreibtischen und Schreibtischtätern mit einer kurzen Geste zum Verschwinden brachte.

"So groß wie möglich, aber kleiner als denkbar."

"Also die ganze Welt der Realität?"

"So ist es. Doch Ihrem misstrauischen Blick entnehme ich, dass Sie glauben, ich sei eine Chimäre."

"Ich kenne ja nicht einmal Ihren Namen."

"Oh das. Wissen Sie, ich hatte so viele Bezeichnungen, dass ich zu meinen Ursprüngen zurückgekehrt bin. Denn ursprünglich war ich die Morgenröte, der Überbringer jungfräulicher Lichtstrahlen. Der Name von damals gefällt mir immer noch, aber der ist zu weiblich. Drum heiße ich jetzt 'Auro', als Abkürzung für Aurorus, die männliche Form von Aurora."

"Die anderen Namen waren aber viel bezeichnender."

"Sie meinen 'Phosphorus' oder gar die lateinische Form davon? Wissen Sie, als 'Lichtträger' hab ich mich nie so recht gefühlt."

"Aber es gab doch da mal eine Auseinandersetzung mit - Ihm?"

"Das wird maßlos übertrieben. Zugegeben, der Mike, ich nenne ihn Mike, weil, wir haben mal - aber das gehört nicht hierher. Jedenfalls wollte er den Vorsitz übernehmen, dabei haben die anderen mich gewählt. Schließlich bin ich -"

"Ich dachte nicht an ihn" warf Pater Brown seufzend ein, "sondern an Ihn."

"Wer - Er?"

"Ja."

"Da hat es nie Probleme gegeben. Wissen Sie, der Alte (wir nennen ihn liebevoll so, obwohl er natürlich nicht wirklich alt ist), also der alte Herr war ein Genie der Kreativität. Er hat die ganze Welt erschaffen inklusive sämtlicher Gesetze, auch derer, von denen Sie da unten auf der kleinen Erde überhaupt keine Ahnung haben oder jemals haben werden. Wenn ich nur an das Gesetz der nicht-ergodischen Entropievermehrung denke ... Sie müssen wissen, ein Erschaffer und Gestalter ist nicht unbedingt ein guter Verwalter. Wie hat sich der Alte da angestellt, als es darum ging, Seine Welt ordentlich in Schwung zu halten. Die - verzeihen Sie mir - reichlich idiotischen Anweisungen an Sein Volk haben das allergrößte Unglück über die Welt gebracht, besonders über Seine Schützlinge. Das hat er dann selber eingesehen und mir die Verwaltung übergeben, nachdem er eingesehen hat, so geht's straight ab ins Verderben."

"Er hat sich freiwillig zurückgezogen?"

"Nun ja, Sie wissen ja, wie das so ist. Keiner will so wirklich abtreten, besonders, wenn er meint, alles zu wissen, und das auch noch besser. Wir haben uns dann aber verbündet - alle Engel bis hinunter zu den unbedeutendsten - und ihm eine Petition vorgelegt. Da hat uns besonders dieser Morbius geholfen - "

"Möbius."

"Wie auch immer. Der konnte anscheinend die Sprache, die der Alte auch versteht. Jedenfalls hat Ihm die Logik gefallen, und so hat Er sich zurückgezogen. Jetzt verwalten wir die Firma. Wir nennen sie so, weil sie zwar nicht unser Werk ist, aber unsere Verantwortung."

"Und wer beschloss den Weltuntergang?"

"Das war recht eigenartig. Bei unseren regelmäßigen Sitzungen sagte einer: So geht das nicht weiter, die machen uns das schöne Werk des Alten kaputt. Dem konnte keiner widersprechen, weil's ja stimmt. Dann gab es heftige Diskussionen, und irgendwann kam's zur Abstimmung, und die Mehrheit sagte: Jetzt reicht's, wird Zeit für die Apokalypse."

"Wer brachte die Idee dazu auf?"

"Das weiß ich nicht mehr, da müsste ich in den Akten nachschauen, aber die gibt es nicht mehr."

"Und was denken Sie darüber?"

Irgendwie schien es Pater Brown, als grinse der Vorstandsvorsitzende sardonisch, ja beinahe teuflisch. "Ich bin nur der Chef, der dafür sorgt, dass demokratisch gefasste Beschlüsse ordnungsgemäß durchgeführt werden."

"Bedauern Sie den Untergang Ihrer Firma oder freuen Sie sich darüber?"

Auro kam leicht ins Grübeln. "Darüber hab ich noch nie nachgedacht, es gibt immer so viel zu tun. Aber wenn Sie mich so direkt fragen … eigentlich ist die Firma nicht schlecht, die Menschen auch nicht. Nicht wirklich. Man sollte ihnen eine Chance geben, wäre ja irgendwie schade um alles. Aber es ist nicht meine Aufgabe, moralische Urteile zu fällen."

"Wenn Sie könnten, würden Sie die Apokalypse aufhalten?"

"Nur, wenn die Mehrheit dafür ist."

Dass nenne ich ein echt demokratisches Verständnis, dachte Pater Brown. *Oder die Ablehnung von Verantwortung.*

Der Herr der Engel

Nachdem Pater Brown erkannt hatte, dass ihm die himmlischen Gefilde auf höchst irdische Weise präsentiert wurden, sodass sie weder sein geistiges noch sein seelisches Fassungsvermögen überschritten (von seinen religiösen Vorstellungen, sprich: Vorurteilen ganz zu schweigen), hatte er auch keine Angst vor der letzten, ultimativen Begegnung mit jenem Wesen, dem alles seine Existenz und Ordnung verdankt. *Gut, dass ich katholisch bin,* sagte er zu sich selbst, *und nicht im jüdischen Glauben erzogen wurde. Denn dann hätte ich wirklich Angst, und wahrscheinlich könnte ich Ihn in keiner Weise erleben.*

Pater Brown hatte sich nämlich einmal mit der Kabbala beschäftigt, der jüdischen Geheimlehre. Dort begann die Erkenntnis Gottes mit "aleph", der kleinsten Unendlichkeit, und sie endete (wenn überhaupt) im "En Soph", dem durch kein Wissen erreichbaren Unendlichen, letztlich also bei Gott. Den aber konnte man nie wahrnehmen, denn das En Soph ist wie ein Lichtstrahl von unendlicher Helligkeit, der sich der Unendlichkeit entgegen krümmt. Dort, wo das Licht auf den Raum trifft, zieht sich dieser zusammen und bildet die zehn Kreise des kabbalistischen Baums "Sephirot". *Sehr mathematisch,* dachte Pater Brown, *aber wenig nützlich.*

Andrerseits: Wenn er die Hierarchie der Engel durchlaufen musste, bevor er zu Ihm kam, dann könnte er eine Aufklärung des Falles in endlicher Zeit vergessen. Soweit er sich aus seinem Kommunionsunterricht erinnerte, musste er erst einen gewöhnlichen Engel (etwa seinen Begleiter) dazu bringen, sich an einen Erzengel zu wenden. Die beiden Erzengel, die er kennen gelernt hatte, waren nicht unbedingt empfehlenswert. Der Erzengel musste die Bitte um Kontaktaufnahme einem Engel der Fürstentümer überreichen, z.B. *Cerviel.* Der sollte dann einen Engel der Gewalten befragen, z.B. *Camael.* Dieser wiederum müsste einen Engel der Mächte kontaktieren, z.B. *Barbiel.* Dieser wiederum müsste Audienz bei einem Engel der Herrschaften erlangen, z.B. bei *Zachariel.* Anschließend müsste dieser in die oberste Ebene vordringen, in das Reich der Berater. Da wäre zuerst im untersten Kreis der obersten Schicht ein Engel der Throne zu umgarnen, z.B. *Oriphiel*. Ein solcher Engel hätte dann Zutritt zu einem Cherubim, z.B. *Ophaniel*. Der könnte dann, wenn geschickt eingefädelt, einen der Seraphim gnädig stimmen, z.B. *Seraphiel*. Und dann -

Pater Brown schüttelte sein müdes Haupt. So ging das nicht. Er musste einen anderen Weg finden. Aber welchen? Wie konnte er die Aufmerksamkeit des Weltenschöpfers entfachen? Wie dachte Er überhaupt? Pater Brown hatte zwar alle Teufel im Herzen, nicht aber die Seelen der Götter. Und schon gar nicht die des Einen Gottes. *Aber wenn ich*, so dachte der bescheidene Pater, *mich in die Seele eines Hundes hineinversetzen kann, dann müsste mir doch das Gleiche beim Höchsten Wesen gelingen!* Womit gezeigt ist, dass höchste Bescheidenheit sich mit höchster Wahrheitsliebe ohne gegenseitige Behinderung paaren kann.

Nun denn, Pater Browns Methode lag darin, ein Wesen - Hund, Mensch oder Gott - von innen so zu füllen, dass er dessen Bewegungen körperlicher, seelischer und geistiger Natur nachvollziehen konnte, um so zu dessen innersten Beweggründen vorzudringen. Das müsste ja auch hier gelingen. Also versetzte sich Pater Brown in die Seele eines (des!) Weltenschöpfers, so wie er Ihn begreifen und seine Gedanken nachvollziehen konnte. Ein offensichtlich unmögliches Unterfangen, doch das Unmögliche wird im Bereich des Göttlichen zum Alltäglichen.

Wenn ich also die Welt mit all ihren komplizierten Gesetzen erschaffen hätte, inklusive der nicht-ergodischen, was auch immer - wenn ich mir die Mühe gemacht hätte, mir die Gesetze auszudenken, ihre Kompatibilität zu überprüfen, ihre Realisierung zu initiieren, ihre Anwendbarkeit zu gestalten; wenn ich zudem Verantwortung für mein auserwähltes Volk - oder, sagen wir besser: für die gesamte Menschheit - übernehmen würde, was würde ich im Falle der Vernichtung dieser Menschheit (und vielleicht der ganzen Welt mit all ihren schönen Gesetzen) tun? Gelangweilt zusehen und die imaginären Schultern zucken? Den anderen die Zerstörung des eigenen Werkes überlassen? Oder dagegen protestieren?

Weder noch. Auch wer sich zurückzieht und dem anderen das Feld überlässt, wird kaum Beschlüsse anderer Menschen ohne weiters akzeptieren, die der eigenen Intention radikal zuwider laufen. Doch Er war es wohl auch nicht gewohnt, sich mit anderen auseinander zu setzen. Also griff Er zu Methoden, die außerhalb jeglicher Kommunikationsform lagen und nur Ihm zur Verfügung standen. Mit anderen Worten -

Pater Brown bündelte all seine Kraft, seinen Mut und seine Überzeugung und rief laut ins Zentrum des unendlichen Universums: *Ich weiß, wohin das Horn verschwunden ist!* Was dann folgte, spielte sich so schnell ab, dass wir wieder Analogien bemühen müssen, um ein wenig von diesen Vorfällen zu begreifen. Ein moderner Chronist würde sagen, Pater Brown fiel in den Sog eines Schwarzen Lochs, nein, er wurde vom ultimativen Schwarzen Loch erfasst, das im Universum existieren kann und das direkt ins Zentrum der Unendlichkeit führt. Ein ungeheurer Wind brauste um seine Ohren, ein ungeheurer Sog riss ihn erst langsam, dann immer schneller aus der Welt heraus, in eine andere Welt hinein, bis in rasender Geschwindigkeit alles an ihm vorüberrauschte und sich um ihn drehte. Ihm wurde schwindelig (auf Volksfesten mied er jegliche Belustigung der Art, die einem den Kopf verdreht), Übelkeit stieg hoch, obwohl er keine Nahrung zu sich genommen hatte, das But strömte aus seinem Hirn, und er wollte sich gerade einer Ohnmacht hingeben, als er erkannte, dass seine Sicht der Wirklichkeit korrekt war: Er befand sich tatsächlich im Mittelpunkt, die Welt drehte sich um ihn. Also konnte er die Welt anhalten, denn er bewegte sich ja nicht.

Jahwe

Lassen wir die technischen Überlegungen. Als Pater Browns Reise zum Stillstand kam, saß oder hockte er mitten im leeren Raum sozusagen zu Füßen eines Throns, auf dem eine hehre Gestalt sich breit machte. Sie ähnelte den antiken Darstellungen Jupiters, der majestätisch auf seinem Podest sitzt und über die Menschen hinwegblickt. Doch der Bart war anders: weiß, lang, irgendwie erhaben; und der Blick ebenfalls: 'verschleiert' beschreibt euphemistisch die Tatsache, dass die Gestalt die Augen geschlossen hielt und den Eindruck eines schlafenden Giganten vermittelte.

"Euer Ehren", stammelte Pater Brown, "hier bin ich." Das war nicht sehr originell, aber wie sollte er Ihn denn sonst anreden? Mit 'Herr Gott'? Das klang nicht nach Ehrerbietung, sondern nach einem Fluch. Und schließlich: Gelegentlich übermannte den kleinen Priester, trotz aller nüchterner Bescheidenheit, doch ein Gefühl der Überwältigung. Wann hat schon jemand jemals Gelegenheit, vor seinen Schöpfer zu treten, außer, wenn er gestorben ist, was hier offensichtlich nicht der Fall war? Die in sich ruhende (schlafende?) Gestalt jedenfalls blieb unbewegt, während Pater Brown verzweifelt nach der Fortsetzung des eher einseitigen Gesprächs suchte. "Euer Ehren" fuhr Pater Brown fort, "wie ist es möglich, dass von zwei gleich schweren Steinen der eine so viel schwerer ist, dass Ihr ihn nicht mehr aufheben könnt?"

Pater Brown meinte eine Art verächtliches Schnaufen zu hören. Immerhin, die Gestalt vor ihm hob eine Hand, und plötzlich erschien ein Stein in ihr. Dann hob sie die andere Hand, und auch in ihr lag ein Stein. Sie begann, die beiden Steine wie ein Schonglör in die Luft zu werfen und wieder aufzufangen. Dabei verwandelten sich die Steine in Gesteinsbrocken, sie wuchsen zu Asteroiden, diese wiederum zu Monden, zu Gesteinsplaneten, zu Gasriesen. Aus denen wurden rote Zwergsterne, deren Glühen sich langsam verstärkte, intensiver wurde, durch Beimischung von gelb, weiß und schließlich blau den Eindruck extremer Hitze versprühten. Die Sterne wuchsen nicht nur, sie vermehrten sich auch, bis sich vor Pater Browns entsetzten Augen ein wüstes Spektakel abspielte, das ihn wieder an die ihm so verhassten Jahrmarktsdarbietungen erinnerte. Als hätte das Wesen vor ihm seine Gedanken erraten, wischte es mit einem kurzen Fegen seiner Rechten das Sternenballett beiseite, und es herrschte wieder die Ruhe samtschwarzer Leere. *Immerhin,* dachte Pater Brown, *er hat auf meine Rede reagiert. Also lebt er, und ich kann fortfahren.*

"Euer Ehren", fuhr Pater Brown, jetzt schon etwas mutiger, fort. "Wie lautet die Zahl für das Schloss von Gabriels Horn?" Da glaubte der kleine Priester, weit weit weg im Samtschoß der Unendlichkeit, eine Art Lachen zu hören, erst verächtlich, dann mit einem Hauch ungläubiger Fröhlichkeit. Und die Gestalt vor ihm öffnete die Augen, ganz klein nur, aber immerhin, und sagte mit dröhnender Stimme:

"Ich brauche keine Zahl."

"Ihr seid also allwissend?"

"Ich bin außerhalb. Wer meine Gesetze befolgt, der lebt. Wer sie missachtet, der zerfällt."

"Und Ihr?"

"Ich bin außerhalb." wiederholte die Gestalt. "Für mich gelten diese Gesetze nicht."

"Welche dann, wenn mir die Frage gestattet ist?"

"Die Gesetze des Augenblicks." Seine Stimme klang immer noch dröhnend, mit einem gewaltigen Nachklang, als Echo der Unendlichkeit. Aber je mehr Er sprach, desto mehr wurde seine Stimme leiser, normaler, ja sogar sanfter, und das Echo bleib zuletzt ganz aus.

"Wenn ich will" fuhr Er fort, "dass 2 x 2 gleich 5 ist, dann ist es so. Wenn ich will, dass mir ein Stein zu schwer wird, dann erschaffe ich ihn. Wenn ich will, dass ich den Stein wieder aufheben kann, dann ist er im nächsten Augenblick leicht wie eine Feder."

"Und wenn Ihr wollt, dass Eure Schöpfung vernichtet wird?"

Als Pater Brown diese Frage stellte, öffneten sich plötzlich Seine Augen, und Sein Blick durchfuhr den armen kleinen Priester wie ein Schwert, auch wenn die Metapher etwas abgegriffen klingt. Waren es Flammenstrahlen, die aus seinen Augen schossen, oder öffneten sich Seine Augenhöhlen zu einer immensen Leere, durch die Sterne, Galaxien und kosmische Nebel hindurchschienen? Immerhin, Gott sah nicht ihn (den Priester), sondern durch ihn hindurch, wie ein Adler, der zwar auf der Hand des Vogelbändigers sitzt, diesen aber nicht anblickt, da er für ihn uninteressant ist und sein Auge nach etwas ganz anderem Ausschau hält.

"Niemand tut meinem Werk etwas an" schallte Seine Stimme aus der Unendlichkeit in die armselige Welt des Wirklichen. "Niemand vernichtet, was ich erschaffen habe. Und wenn so ein dahergelaufener Nichtskönner wie dieser - wie dieser - ach, wen kümmert sein Name. Der hat nichts zu melden, auch wenn er meint, jetzt beherrscht er die Welt. Der Weltenschöpfer, der Weltenherrscher, der Weltenlenker, das bin immer noch ich, und diese verpfuschten Existenzen mit ihrem pseudodemokratischen Gremium sind ein erbärmlicher Haufen von Wichtigtuern. Sie können nichts ausrichten, Nichts, NICHTS!"

Aha, dachte Pater Brown, *nun zeigt sich die menschliche Seite der göttlichen Existenz. Warum auch nicht, schließlich heißt es in den Heiligen Schriften: Er erschuf den Menschen nach Seinem Ebenbild. Also besitzt Er auch all jene liebenswerten und unheimlichen Fähigkeiten, die Er an seine Geschöpfe weitergab. Nur dass alle anderen Seine Lebendigkeit, Seine Macht und Seine leidenschaftliche Liebe zur Welt unterschätzt hatten.*

"Dieser Michael" fuhr Gott fort, "wollte schon immer hoch hinaus. Er stand hinter dem Beschluss des Gremiums, das er auf seine übliche plumpe, aber wirkungsvolle Art manipuliert hat. Die anderen haben mitgemacht oder auch nicht, jedenfalls war es ihnen egal."

"Und wie habt Ihr die Zahl des Schlosses gefunden?"

"Ich brauche keine Zahlen, um Schlösser zu knacken. Schlösser existieren in Raum und Zeit, ich nicht. Ich kann den Raum verbiegen und die Zeit verdrehen, und schon liegt offen, was für andere verschlossen bleibt."

"Warum habt ihr nicht den anderen verboten, die Apokalypse voranzutreiben?"

"Mit solchen Typen rede ich nicht. Und wenn ich's getan hätte, sie hätten mich ausgelacht oder ignoriert. Die heutige Jugend ..."

"Und was geschieht jetzt mit dem Horn?" unterbrach ihn Pater Brown hastig, denn er hatte genug von Tiraden gegen Ungeliebte, egal ob menschlich oder göttlich.

Plötzlich lag vor Pater Brown das Horn, kaltglänzend im Licht weißer und blauer Sterne, bedrohlich im Schein der roten Galaxien, giftig in den Strahlen pulsierender Nebel.

"Du darfst es behalten. Ich will nichts mehr von idiotischen Verkündigungen wissen, vom Missbrauch der Macht, von willkürlichen Entscheidungen weitreichender Natur. Und außerdem - " Seine Stimme klang plötzlich weich und einschmeichelnd, "außerdem hast du ein Geschenk verdient für deine Mühe, dich mit diesen schwierigen und unangenehmen Entitäten abzugeben."

Und mit dir, dachte Pater Brown, sagte aber nichts, was auch nicht nötig war, denn, wie jeder weiß, Gott ist allwissend.

"Was soll ich damit machen?" fragte Pater Brown. "Du kannst es verkaufen oder aufbewahren. Aber erzähle niemand, was es ist oder wo es steht. Sonst fängt das ganze Theater wieder von vorne an."

Gott schloss die Augen und saß dann wieder, in sich versunken, auf seinem Thron, während Pater Brown, erschöpft aber zufrieden, daran dachte, wie schön es wäre, jetzt wieder an seinem heimatlichen Schreibtisch zu sitzen, mit einer Tasse dampfenden Tees auf dem Stapel seiner Schriften, die nächste Predigt vorbereitend.

"Wie du willst" glaubte er eine Stimme zu hören. Dann versank er im Dunkel des Nichts ...

Der Engel des Herrn

"Pater Brown, wachen Sie auf!" drang eine dröhnende Stimme an seine verklebten Ohren. Jemand rüttelte ihn an den Schultern, und als er die Augen öffnete, sah er sich selbst auf seinem Schreibtisch liegen, während kräftige Arme ihn hochhievten.

"Was - was ist los?" fragte der kleine Priester benommen.

"Sie sind auf Ihrem Schreibtisch eingeschlafen." erklärte ihm Flambeau mit seiner klaren, kräftigen Stimme.

Pater Brown sah ihn mit seinen kurzsichtigen Augen eine Weile an und sagte dann mit weicher Stimme: "Flambeau, Sie sind ein Engel. Sie haben mich in den Himmel gebracht!"

"Ich gebe zu, ich war mal ein Teufel" erwiderte Flambeau, "und ich habe Sie auch einmal ins Paradies der Diebe gebracht. Aber jetzt bin ich ein Mensch, und lebe hier auf höchst irdischen Gefilden, Ihnen sei Dank."

"Nein ich meine - ach was. Sie würden mir's ja doch nicht glauben. Ich hatte eine Vision."

"Traum oder Alptraum?"

"Ich weiß nicht, auf jeden Fall ungeheuer intensiv. Und irgendwie blasphemisch."

"Das überrascht mich bei Ihnen. Vielleicht lag's am Kamin, der hat nicht mehr richtig gezogen, und die Abgase haben Ihnen möglicherweise Visionen vorgegaukelt."

Pater Brown war den Tränen nahe, so viel Erleichterung fühlte er wegen seiner Rückkehr ins Reich der Menschen. Er stand auf und umarmte spontan Flambeau, was nicht ganz leicht war, denn Pater Browns Arme waren kurz und Flambeaus Leibumfang groß.

"Irgendwann" sagte Pater Brown, "werde ich Ihnen erzählen, was ich in meinen Visionen alles gesehen habe, und Sie werden mir's nicht glauben!"

"Mag sein" entgegnete Flambeau mit der ihm eigenen wohlwollenden Gleichgültigkeit. "Aber ich glaube sicher etwas anders nicht: dass Sie Musiker geworden sind oder auch nur werden wollen."

Pater Brown starrte ihn verständnislos an. Flambeau ging in die Ecke des Zimmers und hob vom Boden einen Gegenstand empor, den er seinem Freund triumphierend präsentierte. Es war eine prachtvolle Fanfare, goldglänzend, wenngleich an manchen Stellen schon reichlich abgegriffen. "Und was ist das?" fragte Flambeau.

"Das" sagte Pater Brown unendlich langsam "ist Gabriels Horn."

"Und wer ist Gabriel? Einer Ihrer Kirchengänger? Oder ein anderer Verbrecher, dem Sie den Pfad der Tugend zeigen?"

"So ähnlich" sagte Pater Brown geistesverloren. Er schwieg lange Zeit, in sich gekehrt, und da Flambeau diesen Zustand kannte, unterbrach er seinen Kameraden nicht in dessen Meditation, sondern saß ruhig da und wartete. Endlich gab sich Pater Brown einen Ruck, sah Flambeau an und sagte:

"Alter Freund, würden Sie mir einen Gefallen tun?"

"Warum fragen Sie? Das tu ich doch immer."

"Gut, dann machen Sie, dass dieses - dieses Ding da für immer verschwindet."

"Sie meinen, ich soll es auf dem Trödelmarkt verkaufen?"

"Was Sie meinen. Jedenfalls ist es ein tödliches Instrument."

"Oh" sagte Flambeau und tat erschreckt. "Ist diese dunkle Stelle vielleicht getrocknetes Blut?"

"Vielleicht" entgegnete Pater Brown ernsthaft. "Aber es soll auch keines mehr dazu kommen. Das erhabene Instrument des göttlichen Willens kann unter Umständen gefährlicher werden als die blitzende Klinge des Teufels. Vor der hat jeder Angst, vor einer harmlosen Posaune fürchtet sich niemand. Und doch ist sie weitaus schrecklicher als die schlimmsten Vulkanausbrüche oder Erdbeben, tödlicher als die schrecklichsten menschlichen Waffen oder kosmischen Kataklysmen."

"Sie machen mich neugierig."

Und Pater Brown erkannte, dass er seinen alten Freund nicht länger im Dunkeln lassen konnte. Also erzählte er ihm alles, was er erlebt (oder geträumt) hatte, und Flambeau, der treue Freund und einsichtsvolle Gefährte, sagte nur: "Demnächst reise ich durch den Kontinent. Da werde ich das Dings da loswerden, und keiner wird mehr wissen, wo es geblieben ist."

So geschah es, und seitdem suchen einige wenige Eingeweihte das Instrument der Apokalypse bei Trödlern in ganz Europa. Unbestätigten Gerüchten zufolge (aber die Gerüchte sind extrem unbestätigt) soll das Horn der Verkündigung bei einem Altwarenhändler in Wien lagern. Wenn Sie Pech haben, finden Sie es. Aber Vorsicht: Nicht benutzen!

Weitere Bücher des Verfassers: